Abriß der historischen Geologie

Herausgegeben

von Karl-Armin Tröger

Beilagen
(Tabellen und Schemata)

Akademie-Verlag
Berlin

Tabelle 11. Chrono- und Biostratigraphie des Silurs, zusammengestellt nach dem Fachbereichstandard: „Stratigraphische Skala der DDR, Silur“ (1976), BERRY und BOUCOT (1970, 1972), WALLISER (1964)

Nach BERRY ist auf den Britischen Inseln *Monograptus leintwardinensis* Leitfossil der Zone 35. Die Zone 36 enthält Monograpten der *bohemicus*-Gruppe und ist auf den Britischen Inseln nicht nachzuweisen. Die Conodonten-Zonen WALLISERS wurden von BERRY und BOUCOT modifiziert.

Serie	Stufe		Graptolithen-Zonen		
UD.	Lochkov		*Monograptus uniforms*	*Icriodus woschmidti*	VIII
OBERSILUR (BUDŇANY)	Přidoli		*Monograptus transgrediens* mit Subzonen d) *Monograptus transgrediens* c) *Monograptus perneri* b) *Monograptus bouceki* a) *Monograptus lochkovensis* *Monograptus ultimus*	*Spathognathodus steinhornensis eosteinhornensis*	VII
	Ludlow (Kopanina)	36	*Monograptus leitwardinensis-fritschi-linearis*	*Spathognathodus crispus* *Icriodus latialatus*	VI
		34/35	*Monograptus chimaera* (*M. scanicus*)		
		33	*Monograptus nilssoni* (*M. colonus*)	*Polygnathoides siluricus*	V
		32	*Monograptus vulgaris* (*M. ludensis*)		
			Monograptus deubeli	*Ancoradella ploeckensis* *Ozarkodina crassa*	
UNTERSILUR (LITEŇ)	Wenlock		*Monograptus dubius* — *Gothograptus nassa* — *Interregnum*		
		31	*Cyrtograptus lundgreni*	*Spathognathodus sagitta*	IV
		30	*Cyrtograptus ellesae*	*Kockelella patula*	
		29	*Monograptus flexilis* (*M. linarssoni*)		
		28	*Cyrtograptus rigidus*		
		27	*Monograptus riccartonensis*		
		26	*Monograptus murchisoni*		
	Llandovery		*Cyrtograptus centrifugus*		
		25	*Monograptus spiralis* (*M. crenulatus*)	*Pterospathodus amorphognathoides*	III
		24	*Monograptus griestoniensis*		
		23	*Monograptus crispus*	*Spathognathodus celloni*	II
		22	*Monograptus turriculatus*		
		21	*Monograptus sedgwicki*	*Icriodina*	I
		20	*Monograptus convolutus*		
		19	*Monograptus gregarius*		
		18	*Monograptus cyphus*		
		17	*Diplograptus vesiculosus*		
		16	*Akidograptus acuminatus* *D.* (*Glyptograptus*) *persculptus*	Prä-*Icriodina*	

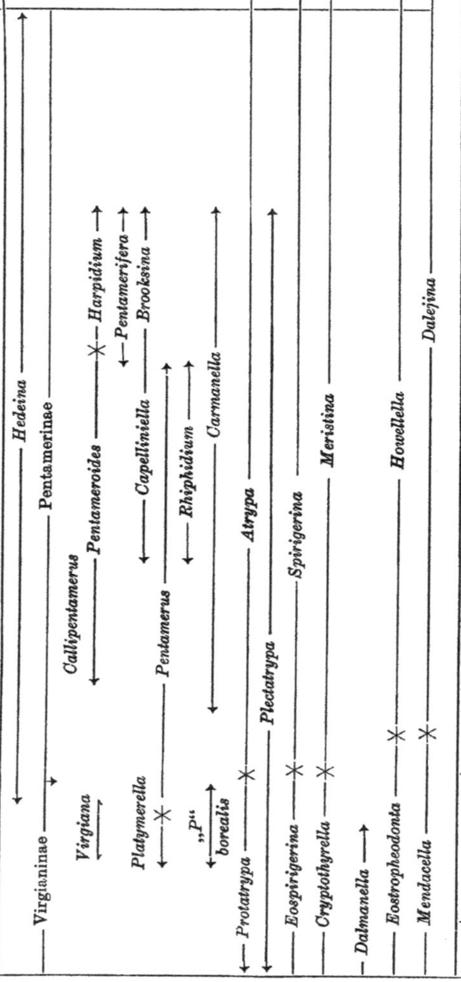

zu S. 168/169

Tabelle 13. Chronostratigraphie, Biostratigraphie und Fauna des Devons

Serie	Stufe		Ammoniten und Graptolithen (Lochkov und Prag) Stufe	Zone	Brachiopoden
OB.-DEVON	Wocklum		*Wocklumeria*	*Wocklumeria sphaeroides* *Kalloclymenia subarmata*	*Spirifer strunianus* *Spirifer julii* *Productus niger*
	Dasberg		*Clymenia*	*Gonioclymenia speciosa* *Goniclymenia hoevelensis*	*Plicatifera praelonga* *Cyrtospirifer lebedianicus*
	Hemberg		*Platyclymenia*	*Platyclymenia annulata* *Prolobites delphinus* *Pseudoclymenia sandbergeri*	*Leiorhynchus ursus*
	Nehden		*Cheiloceras*	*Sporadoceras pompeckii* *Cheiloceras curvispina*	*Leiorhynchus polonicus* *Cyrtospirifer archiaci*
	Adorf		*Manticoceras*	*Crickites holzapfeli* *Manticoceras cordatum* *Pharciceras lunulicosta*	*Hypoth. cuboides*: *Theodossia anossofi* *Cyrtospirifer tenticulum* *Cyrtospirifer verneuili* *Ladogia meyendorfi* *Cyrtospirifer murchisonianu*
MITT.-DEVON	Givet		*Maenioceras*	*Maenioceras terebratum* *Maenioceras molarium* *Cabrieroceras crispiforme*	*Newberria caiqua* *Zdimir baschcirikus* *Uncites gryphus* *Stringocephalus burtini* *Rhynchospirifer hians* *Mucrospirifer diluvianus*
	Eifel		*Anarcestes*	*Pinacites jugleri* *Foordites occultus*	*Spinatrypa kelusina* *Zdimir pseudobaschkiricus* *Euryspirifer intermedius* *Gruenewaldtia latilinguis* *Productella subaculeata*
UNT.-DEVON	Ob.-Ems	Daleje	*Mimosphinctes*	*Gyroceratites gracilis*	*Paraspirifer cultrijugatus* *Euryspirifer moselanus* *Euryspirifer paradoxus*
	Unt.-Ems	Zlich.	*Anetoceras*	*Anetoceras (Erben.) advolens*	*Acrospirifer hystericus* *Acrospirifer arduennensis* *Uncinulus princeps*
	Siegen	Prag		*Monograptus yukonensis*	*Hysterolites hystericus* *Acrospirifer primaevus* *Tropidoleptus rhenanus*
	Gedinne	Lochk.		*Monograptus hercynicus* *Monograptus uniformis*	*Howellella cortazari* *Howellella mercurii* *Mutationella podolica*

zu S. 198/199

Tentaculiten	Conodonten	Ostracoden (Oberdevon) Korallen (Unt.- und Mitteldevon)		
	Spathognathodus costatus costatus	*Richterina striatula* *Maternella dichotoma*		
	Polygnathus styriaca	*Maternella hemisphaerica* *Fossirichterina intercostata* *Maternella exornata* *Richterina striatula*		
	Scaphignathus velifera	*Richterina* cf. *tenuistriata* *Fossirichterina intercostata*		
	Palmatolepis quadrantinodosa	*Richterina serratostriata*		
	Palmatolepis rhomboidea	*Nehdentomis nehdensis*		
	Palmatolepis crepida crepida			
Homoctenus ultimus *Homoctenus tenuicinctus* *Striatostyliolina striata*	*Palmatolepis triangularis*	*Entomoprimitia splendens*		
	Palmatolepis gigas *Ancyrognathus triangularis* *Polygnathus assymetricus assymetricus*	*Entomoprimitia variostriata* *Bertillonella cicatricosa* *Entomoprimitia nitida* *Ungurella torleyi*		
Nowakia otomari	*Polygnathus linguif. transversa* *Polygnathus varca* *Spathognathodus planus* *Icriodus obliquimarginatus*	*Stringophyllum* *Dohmophyllum difficile* *Stringoph.* (*Sociophyll.*) *Acanthophyllum* (*Grypoph.*)	*Amphipora ramosa*	*Calceola sandalina* *Favosites polymorpha Hexagonaria*
Nowakia sulcata	*Polygnathus kockeliana* *Spathognathodus bidentatus* *Polygnathus angustipennata* *Polygnathus angusticostata* *Icriodus corniger*	*Dohmophyllum helianthoides* *Cyathophyllum* (*Peripedium*) *Acanthophyllum* (*Acanthoph.*)		
Nowakia holynensis *Nowakia richteri* *Nowakia cancellata*	*Icriodus corniger* *Icriodus angustus* *Icriodus bilatericrescens* cf. *bilatericresc.* *Icriodus fusiformis* *Polygn. linguiformis linguiformis*	*Pleurodictyum problematicum*		
Nowakia elegans *Nowakia barrandei* *Nowakia praecursor* *Nowakia zlichovensis*	*Polygnathus webbi* *Spathogn. steinhorn. steinhornensis* *Icridus sigmoidalis*			
Guerichina strangulata *Nowakia acuaria*	*Icriodus simulator* *Icriodus huddlei curvicauda* *Icriodus levisulcatus*			
Paranowakka intermedia *Paranowakia bohemica*	*Pelekisgnathus serrata elata* *Spathogn. steinhornensis repetitor* *Icriodus rectangularis* *Icriodus woschmidti*			

Tabelle 14. Chronostratigraphie, Biostratigraphie und Fauna des Karbons

					Cephalopoden (Goniatiten-Zonen)			Foraminiferen	Muschelzonen nicht-marin (Siles) (Ruhr-Gebiet u. ČSSR)	Conodonten NW-Europa	Flora NW-Europa	Sporen
SILES	Stefan	C	OBERKARBON	PENNSYLVANIAN	*Uddenites*		Schistoceras	*Pseudofusulina* *Rugosofusulina* *Daixina* *Triticites* *Obsoletes* *Kansanella* *Quasifusulina*	*Goldfussiana*		*Callipteris conferta* *Pecopteris densifolia* *Asterophyllites equisetiformis* *Odontopteris intermedia* *Annularia sphenophylloides* *Sigillaria brardi* *Sphenoph. oblongifolium* *Callipteridium pteridium*	N-BM
		B			*Prouddenites*				*Stephaniensis*			ST
		A			*Eothalassoceras*				*Prolifera*			
	Westfal	D	MITTELKARBON		*Pseudoparalegoceras* *Wellerites*			*Neostaffella* *Fusulina* *Wedekindellina*	*Tenuis*		*Pecopteris hemitelioides* *Neuropteris ovata* *Annularia stellata*	OT
		C			*Paralegoceras*			*Beedeina*	*Phillipsii*		*Neuropteris tenuifolia* *Neuropteris semireticulata* *Sphenophyllum emarginatum*	SL
					Winslowoceras cambriense *Winslowoceras aegiranum*			*Paraeofusulina* *Fusulinella*	*Ob. Similis-Pulchra-Z.*			
		B			*Anthracoceras* *Winslowoceras vanderbecki*			*Novella*	*Unt. Similis-Pulchra-Z.*		*Neuropteris tenuifolia* *Lonchopteris rugosa* *Mariopteris daviesi*	NJ
									Ob. Modiolaris-Zone			
		A			*Gastrioceras amaliae*			*Eofusulina* *Verella*	*Unt. Modiolaris-Zone*	*Idiognathodus sulcatus parvus*	*Alloiopteris lonchitica* *Diplotmema hoeninghausi*	RA
					Gastr. subcrenatum		G 2		*Communis-Zone*			SS
	Namur	C			Yeadon	*Gastrioceras*	G 1	*Profusulinella* *Pseudostaffella*	*Anthraconaia lenisulcata*	*Id. sinuatus* *Id. primulus*	*Neuropteris schlehani* *Mariopteris acuta* *Sigillaria elegans*	FR
		B			Marsden	*Reticuloceras*	R 2	*Eoschubertella*				
					Kinder-scout		R 1	*Ozawainella*		*Id. corrugatus* *Id. sulcatus sulcatus*	*Neuropteris schlehani* *Mariopteris acuta*	KV
		A	UNTERKARBON	MISSISSIPPI	Alport	*Homoceras*	H 2	*Eostaffella*	*Porubites lotari*	*Id. noduliferus* *S. lateralis*	Florensprung	SO
					Chokier		H 1					
					Arnsberg	*Eumorphoceras*	E 2	*Millerella*		*Gn. bilineatus bollandensis* *C. naviculus*		TK
					Pendle		E 1	*Pseudoendothyra*	*Carbonicola, Naiadites*	*Kladognathus* *Gn. girtyi*	*Sphenopteris adiantoides* *Senftenbergia (Pec.) aspera* *Mariopteris laciniata*	NC
DINANT	Visé	V_3			Aprath / Goniatites	*Go. granosus*	P_2	*Medocris* *Millerella* *Eostaffela*	D 3 Korallen (Dinant)	*Gn. girtyi collinsoni*	*Cardiopteris* *Adiantites* *Sphenopteridium* *Asterocalamites*	
						Goniatites striatus	P_1		D_2 *Dibunophyllum*	*Gnathodus nodosus*		VF
						Go. crenistria	B_2	*Endostaffella*	D 1	*Gnathodus bilineatus bilineatus*	*Lepidodendron* *Lepidodendron veltheimi* *Lepidodendron volkmanni* *Lepidodendron acuminatum*	NM
		V_2			Erdbach / Pericyclus (Ammonellipsites)	*Entogon. nasutus*		*Dainella*	S_2 *Seminula*	*Cavusgnathus* *Apathognathus* *Mestognathus beckmanni* *Polygnathus bischoffi*		TC
		V_1				Am. kochi	B_1	*Loeblichia*	S_1			PU
	Tournai	Tn_3				*Pericyclus plicatilis* *Pericyclus princeps*		*Planoendothyra* *Quasiendothyra*	C_1^2 *Caninia*	*Scaliognathus anchoralis*		CM
										Gnathodus semiglaber		RM
		Tn_2							Z_1^2 *Zaphrentites*	*Siphonodella crenulata*		ND NRH
		Tn_1	b		Balve / Gattendorfia	*Ga. crassa* *Ga. subinvoluta*			K *Kleistopora*	*Pseudopolygn. triangulus* *Protogn. kockeli-sulcata*	*Archaeopteris-Cyclostigma*	PA

zu S. 234/235

Tabelle 18. Gliederung und Ammoniten-, Fusuliniden- und Conodontenzonierung des Perms

System	Serie	Stufe	Unterstufe	Ammoniten	
Trias	Skyth	Brahmanian	Ellesmerian	*Proptychites strigatus*	
				Ophiceras commune	
				unbenannte Zone Südchinas	*Otocera*
					Otocera
		Changhsing		*Rotodiscoceras* *Pseudotirolites/* *Pleuronodoceras* *Tapashanites/* *Pseudostephanites*	*Paratir* *Shevyre* *Iranite* *Phison*
	Ober- perm	Dzhulfa		*Sanyangites* *Konglingites*	*Vedioc*
				Araxoceras	
		Abadeh		*Andersonoceras/Cyclolobus*	
				Cyclolobus/Timorites	
		Capitan		*Timorites/Waagenoceras*	
Perm	Mittel- perm	Word		*Waagenoceras*	
		Kubergand		*Kufengoceras*	
		Chihsia		*Perrinites hilli*	
		Leonard		*Perrinites vidriensis/* *Perrinites compressus*	
	Unter- perm	Artinsk	Baigendzhin	*Metaperrinites*	
			Aktasti		
		Sakmara	Sterlitamak	*Properrinites*	
			Tastub		
Karbon	Ober- karbon	Assel		*Svetlanoceras/Eoasianites/* *Glaphyrites/Artinskia/Agathi*	

zu S. 274/275

Fusuliniden		Conodonten	
		Gondolella carinata/G? kummeli A.-Z.	
		Hindeodus postparvus A.-Z.	
		Isarcicella isarcica-Zone	
		H. parvus/H. latidentatus/G. orientalis A.-Z.	
Palaeofusulina sinensis/ *(Colaniella parva)*		*Gondolella* *subcarinata*-Zone	*Anchignathodus* *julfensis*-Zone
↓		*Gondolella orientalis* A.-Z.	
	(*C. minima*)	*Gondolella leveni*-Zone	
Palaeofusulina simplex/ *Codonofusulina/Reichelina*		*Merrillina divergens/Gondolella rosenkrantzi/* *G. bitteri/* *St. inflatus* A.-Z.	*S. iranicus*
Lepidolina kumaensis			*Sweetognathus sweeti*
Lepidolina multiseptata/Yabeina		*G. bitteri/G. postserrata/S. meyeni/* *M. praedivergens* A.-Z.	
Neoschwagerina margaritae			
Neoschwagerina cratulifera		*Gondolella serrata/G. siciliensis/* *Stepanovites festivus* A.-Z.	
Neoschwagerina simplex			
C. neoschwagerinoides			
Cancellina cutalensis		*G. serrata/G. nankingensis/* *Neostreptognathodus clinei* A.-Z.	
Armenina/Eoverbeekina			
Misellina claudiae *Misellina dyhrenfurthi*		*Neostreptognathodus leonovae/* *Gondolella idahoensis* A.-Z.	
Chalaroschwagerina vulgaris/ *Pseudofusulina kraffti/* primitive *Parafusulina*		*Vjalovognathus shindyensis/* *N. sulcoplicatus/Rabeignathus* *bucaramangus* A.-Z.	
		Vjalovognathus n. sp.-Zone	
Pseudofusulina solidissima/ *Pseudofusulina makarovi*		*N. pequopensis/N. ruzhencevi* A.-Z.	
		Sweetognathus whitei/G. bisselli A.-Z.	
Parafusulina lutugini		*S. whitei/Gnathodus simplex* A.-Z.	
Pseudofusulina pedissequa		*Sweetognathus* n. sp. A.-Intervall	
Ps. urdalensis/Ps. plicatissima		*Gondolella bisselli/Gnathodus simplex* *Sweetognathus merrilli* A.-Z.	
Ps. verneuili/Ps. moelleri			
Schw. sphaerica/Ps. firma		*Gnathodus barskovi*-Zone	
Schwagerina moelleri/ *Pseudofusulina fecunda*		*Gn. elongatus/Gn. wabaunsensis/Gondolella bella* A.-Z.	
Schw. vulgaris/O. alpina		*Gn. elongatus/Gn. simplex* A.-Z.	

Tabelle 19. Rhythmus der Trans- und Regressionen im Paläozoikum

Ein Punkt oder Kreis — Andeutung einer Trans- beziehungsweise Regression   Zwei Punkte oder Kreise — ausgeprägte Trans- und Regressionen

			Inlandvereisung	Transgression														Inundation	Regression													
				N- und NW-Europa	Mitteleuropa	E-Europa	S- und SW-Europa	Nordamerika	E-Grönland	Arktis u. N-Grönld.	N-Asien	Zentral- u. S-Asien	E-Asien	Australien	Afrika	Südamerika	Antarktis		N- und NW-Europa	Mitteleuropa	E-Europa	S- und SW-Europa	Nordamerika	E-Grönland	Arktis u. N-Grönld.	Zentral- u. S-Asien	N-Asien	E-Asien	Australien	Afrika	Südamerika	Antarktis
Perm	Ober-			●	●●		●		●● ●●			●● ●●	●● ●●					▬	○○	○○	○○	○	○	○○	○○	○○	○○	○○	○○			
Perm	Mittel-					●	●●	●●		●											○○	○○	○						○			
Perm	Unter-		▬			●				●				●											○○	○		○		○		
Karbon	Ob.-	Stefan	▬				●							●	○	●																
Karbon	Mitt.-	Westfal	▬				●			●		●							○	○○						○		○				
Karbon	Unt.-	Namur	▬																○○	○○						○○	○○					
Karbon	Unt.-	Visé		●								●						▬			○											
Karbon	Unt.-	Tournai		●		●●																										
Devon	Ob.-			●	●	●●		●●			●							▬		○		○	○○									
Devon	Mitt.-				●	●		●●			●								○	○									○○	○○	○○	
Devon	Unt.-	Ems																														
Devon	Unt.-	Siegen		●				●			●																					
Devon	Unt.-	Gedinne		●		●		●						●	●	●	●					○										
Silur	Budnany	Pridol.																	○○	○	○		○									
Silur	Budnany	Ludl.																														
Silur	Wenlock							●										▬														
Silur	Llandovery		▬	●		●		●						●	●●	●●	●?						○									
Ordovizium	Ashgill							●●											○○	○	○		○○		○							
Ordovizium	Caradoc			●				●●										▬		○				○○							○○	
Ordovizium	Llandeilo			●●			●●	●●												○												
Ordovizium	Llanvirn			●	●	●		●●		●●													○○									
Ordovizium	Arenig			●●	●	●	●																○○									
Ordovizium	Tremadoc				●●	●●●				●●					●				○	○	○○											
Kambrium	Ob.-							●●		●●										○○		○										○○
Kambrium	Mitt.-			●	●	●		●				●●					●	▬		○○	○○	○			○○	○○			○			
Kambrium	Unt.-			●●	●		●●	●	●●	●●			●●	●	●		●				○○			○○								

zu S. 312/313

Tabelle 21. Gliederung, Ammoniten- und Conodonten-Standardzonierung der Trias

Serie	Stufe	Unterstufe	Ammoniten-Zonen Ass.-Zonen	Conodonten-Zonen/Assemblage-Zonen (A.-Z.)
Obere Trias	Rhät		*Choristoceras marshi*	*Misikella posthernsteini* A.-Z. / *Parvigond. rhaetica* S.-Z.
			Choristoceras haueri	
	Nor	Sevat	*Chochloceras suessi*	*Misikella hernsteini* A.-Z.
				Parvigondolella andrusovi A.-Z.
				Metapolygnathus bidentatus-Zone: Subzone III
			Sagenites giebeli	Subzone II
			Halorites macer	Subzone I
		Alaun	*Argosirenites trachyceratoides*	*Metapolygnathus spatulatus* A.-Z.: *Metapolygnathus multidentatus* S.-Z.
			Cyrtopleurites bicrenatus	
			Juvavites magnus	
		Unteres Nor	*Malayites paulckei*	*Gondolella navicula* S.-Z.
			Mojsisovicsites kerri	
	Karn	Tuval	*Klamathites macrolobatus*	*Metapolygnathus nodosus* *A.-Z.*
			Tropites subbullatus	*Gondolella carpathica* *A.-Z.*
				Gondolella noah *A.-Z.*
			Tropites dilleri	
		Jul	*Sirenites*-„Zone"	
			Trachyceras austriacum	*Gladigondolella tethydis* A.-Z.
		Cordevol	*Trachyceras aon*	*Metapolygnathus mostleri* A.-Z.
			Frankites sutherlandi	
Mittlere Trias	Ladin	Longobard	*Maclearnoceras maclearni*	*Metapolygnathus mungoensis* A.-Z.
			Meginoceras meginae	
			Gymnoceratites? poseidon	*Metapolygnathus hungaricus* A.-Z.
		Fassan	„*Protrachyceras*" *curionii*	*Metapolygnathus truempyi*-Zone
				Gondolella transita A.-Z
			„*Protrachyceras*" *reitzi*: *Nevadites*	*Gondolella pseudolonga* A.-Z.
			Kellnerites / Aplococeras avisianus	*Gondolella mesotriassica*-*A.-Z.*
	Anis	Illyr	*Paraceratites trinodosus*	*Gondolella constricta* *A.-Z.*
			Paraceratites binodosus	*Gondolella bifurcata* *A.-Z.*
		Pelson	*Balatonites balatonicus*	*Nicoraella kockeli*-Zone
			Balatonites shoshonensis	
		Bithynian	*Anagymnotoceras ismidicus*	*Nicoraella germanica* A.-Z.
			Nicomedites osmani	*Gondolella regalis* A.-Z.
		Aegean	*Paracrochordiceras anodosum*	*Gondolella timorensis*-Zone
			Keyserlingites subrobustus	
Untere Trias (Skyth)	Olenek		*Prohungarites crasseplicatus* (= *Tozericeras pakistanum*-Zone)	*Gondolella jubata*-*A.-Z.*
			Columbites costatus	*Neospathodus triangularis* A.-Z.
			Tirolites cassianus	*Platyvillosus asperatus*-Zone
			Doricranites bogdoensis	*Eurygnathodus* n. sp.
	Jakutian		*Anasibirites multiformis*	*Gondolella milleri*-Zone
			Meekoceras gracilitatis	*Gondolella eotriassica*
				Gondolella nepalensis A.-Z.
	Brahmanian	Gandarian	*Vavilovites sverdrupi*	*Neospathodus dieneri* A.-Z.
			Proptychites candidus	*Gondolella carinata/Gondolella? kummelli* A.-Z.
		Ellesmerian	*Proptychites strigatus*	
			Ophiceras commune	*Hindeodus postparvus* A.-Z.
				Isarcicella isarcica-Zone

Der stratigraphische Umfang der *Sagenites giebeli*-Zone ist größer als in der Tabelle aus drucktechnischen Gründen dargestellt wurde. In der Conodonten-Zonierung reicht er von der oberen Subzone I bis zur unteren Subzone III der *Metapolygnathus bidentatus*-Zone.

zu S. 318/319

Tabelle 22. Lias, internationale Zonengliederung und Zonengliederung in Nordwesteuropa nach DEAN, DONOVAN und HOWARTH (1961), DONOVAN (1967), HÖLDER (1964), WEITSCHAT (1973)

Stufen		Internationale Zonengliederung	Zonengliederung in Nordwesteuropa	lokale Schichtgliederung	
Toarc	oberes	*Dumortieria levesquei*	*Pleydellia aalensis* *Dumortieria radiosa* *Phlyseogrammoceras dispansum*	ζ_3	*Aalensis*-Schichten
		Grammoceras thouarsense	*Grammoceras fallaciosum* (= *radians*) *Grammoceras struckmanni* *Grammoceras striatulum*	ζ_2	Jurense-Schichten
		Haugia variabilis	*Haugia illustris* *Grammoceras doerntense* *Phymatoceras robustum*	ζ_1	Dörntener Schiefer
	unteres	*Hildoceras bifrons*	*Zugodactylites braunianum* *Peronoceras fibulatum* *Frechiella subcarinata*	ε_3	Posidonien-schichten
		Harpoceras falcifer	*Dactylioceras commune* *Harpoceras falcifer* u. *H. exaratum* (=*elegans*)	ε_2	
		Dactylioceras tenuicostatum	*Dactylioceras tenuicostatum*	ε_1	
Pliens-bach	oberes (Domer)	*Pleuroceras spinatum*	*Pleuroceras hawskerense* *Pleuroceras solare*	δ_2	Amaltheen-Schichten
		Amaltheus margaritatus	*Amaltheus gibbosus* *Amaltheus subnodosus* *Amaltheus stokesi* (= *clevelandicus*)	δ_1	
	unteres (Carix)	*Prodactylioceras davoei*	*Oistoceras figulinum* *Androgynoceras capricornu* u. *A. lataecosta* *Androgynoceras maculatum*	γ_3	*Capricornu*-Schichten
		Tragophylloceras ibex	*Beaniceras centaurus* *Acanthopleuroceras valdani* u. *A. maugenesti* *Trobidoceras masseanum*	γ_2	
		Uptonia jamesoni	*Uptonia bronni* u. *U. jamesoni* *Platypleuroceras brevispina* *Polymorphites polymorphus*		*Jamesoni*-Schichten
			Phricodoceras taylori	γ_1	
Sinemur	oberes (Lotharing)	*Echioceras raricostatum*	*Paltechioceras aplanatum* *Eoderoceras miles* u. *Leptechioceras macdonelli* *Echioceras raricostatum* *Hemimicroceras subplanicosta* *Crucilobiceras densinodulum*	β_3	Raricostaten-Schichten
		Oxynoticeras oxynotum	*Oxynoticeras oxynotum* *Bifericeras biferum* *Gagaticeras gagateum* u. *Oxynoticeras praecursor* *Eparietites denotatus*	β_2	Bifer-Schichten
		Asteroceras obtusum *Euasteroceras turneri*	*Promicroceras planicosta* u. *Asteroceras obtusum* *Promicroceras capricornoides* u. *Euasteroceras turneri* *Microderoceras birchi*	β_1	Planicosta-Schichten
	unteres	*Arnioceras semicostatum*	*Arietites* (*Euagassiceras*) *sauzeanus* *Arietites* (*Agassiceras*) *scipionanus* *Arietites* (*Paracoroniceras*) *gmuendensis*	α_3	Arietiten-Schichten
		Arientites bucklandi	*Arietites bucklandi* *Coroniceras rotiforme* u. *Coroniceras westfalicum* *Vermiceras schloenbachi* *Vermiceras spiratissimum* *Vermiceras longidomum*		
Hettang	oberes	*Schlotheimia angulata*	*Schlotheimia complanata* (= *stenorhyncha*) *Schlotheimia extranodosa* (= *germanica*) *Schlotheimia angulata*	α_2	Angulaten-Schichten
	unteres	*Alsatites liasicus* *Psiloceras planorbis*	*Alsatites laqueus* *Psilophyllites hagenowi* *Psiloceras* (*Caloceras*) *torus* *Psiloceras planorbis* (*psilonotum*) *Neophyllites antecedens*	α_1	Psilonoten-Schichten

zu S. 348/349

Tabelle 23. Dogger, internationale Gliederung und Zonengliederung in Nordwesteuropa nach DIETL (1977), HÖLDER (1964), WESTERMANN (1967), ZEISS (1977)

Stufen		Internationale Zonengliederung	Zonengliederungen in Nordwesteuropa	lokale Schichtgliederung	
Callov	Ober-	*Quenstedtoceras lamberti* *Peltoceras athleta*		ζ	Ornaten-Schichten
	Mittel-	*Erymnoceras coronatum*	*Kosmoceras obductum*		
		Kosmoceras jason			
	Unter-	*Sigaloceras calloviense*	*Sigaloceras enodatum* *Sigaloceras calloviense* *Proplanulites koenigi*		
		Macrocephalites macrocephalus	*Macrocephalites kamptus* *Macrocephalites macrocephalus*	ε	Macrocephalen-Schichten
Bathon	Ober-	*Clydoniceras discus* *Oxycerites aspidoides*	*Oxycerites aspidoides* *Paroecotrastes paradoxus* *Paroecotraustes densecostatus*		*Aspidoides*-Schichten
	Mittel-	*Tulites subcontractus*			
	Unter-	*Parkinsonia wuerttembergica*			(*Wuerttembergicus*-Schichten)
		Zigzagiceras zigzag/ *Parkinsonia valida*			
Bajoc	Ober-	*Parkinsonia parkinsoni*	*Parkinsonia parkinsoni* *Parkinsonia acris*		Parkinsonien-Schichten
		Garantiana garantiana	*Garantiana tetragona* *Garantiana garantiana* *Pseudogarantiana dichotoma*	δ	Garantianen-Schichten
		Strenoceras subfurcatum	*Garantiana schroederi* *Strenoceras subfurcatum* *Infraparkinsonia phaula*		Subfurcaten-Schichten
	Mittel-	*Stephanoceras humphriesianum*	*Teloceras blagdeni* *Stephanoceras humphriesianum* *Stephanoceras umbilicum* *Stemmatoceras frechi*		Coronaten-Schichten
		Otoites sauzei	*Otoites sauzei*	γ	Sonninien-Schichten
	Unter-	*Sonninia sowerbyi*	*Emileia polyschides* *Sonninia sowerbyi* *Hyperlioceras discites*		
Aalen	Ober-	*Ludwigia concava*	*Ludwigia bradfordensis* *Staufenia staufensis* *Staufenia discoidea* *Costileioceras sehndense*	β	Ludwigien-Schichten
		Ludwigia murchisonae			
	Unter-	*Costileioceras sinon*	*Leioceras comptum* u. *Tmetoceras scissum* *Leioceras opalinum* u. *Lytoceras torulosum*		
		Leioceras opalinum		α	*Opalinum*-Schichten

zu S. 348/349

Tabelle 24. Biostratigraphische Gliederung des Malms in Südostfrankreich und Franken, im Bereich de- Russischen Plattf
Busnardo, le Hegarat u. a. (1965), Cox (1977), Donze und le Hegarat (1972), Druschitz (1977), Kemper (1973), Raczynk

Stufen		Zonen- und Subzonengliederung im Mediterran		Zonengliederung in Franken	Stufen	
Berrias		*Fauriella boissieri*	*Berriasella callisto*		Berrias	
			Berriasella picteti			
			Malbosiceras paramimounum			
		Tirnovella occitanica	*Dalmasiceras dalmasi*			
			Berriasella privasensis			
			Tirnovella subalpina			
		Pseudosubplanites grandis				
		Berriasella jacobi	Kreide			
Tithon	Ob.-	*Berriasella chaperi*	Jura *Virgatosphinctes transitorius*		Wolga	Ob.-
		Berriasella delphinensis				
	Mitt.-	*Semiformiceras semiforme* u. *Pseudolissoceras zitteli*		*Zaraiskites* cf. *zarajskensis*		Mitt.-
				Anavirgatites palmatus *Pseudolissoceras bavaricum*		
	Unt.-	*Franconites vimineus*		*Franconites vimineus* *Danubisphinctes palatinum*		Unt.-
		Subplanites contiguus		*Neochetoceras mucronatum*		
		Glochiceras lithographicum		*Hybonoticeras hybonotum*		
Kimmeridge		*Hybonoticeras beckeri*		*Hybonoticeras beckeri*	Kimmeridge	
				Virgataxioceras setatum		
				Sutneria subeumela		
				Sutneria pedinopleura		
				Aulacostephanus pseudomutabilis		
				Aulacostephanus mutabilis		
				Katroliceras divisum		
				Ataxioceras hypselocyclum		
				Sutneria platynota		
Oxford	Ob.-	*Sutneria galar*		*Sutneria galar*	Oxford	Ob.
		Idoceras planula		*Idoceras planula*		
		Epipeltoceras bimammatum		*Epipeltoceras bimammatum*		
		Divisosphinctes bifurcatus		*Divisosphinctes bifurcatus*		
	Mitt.-	*Peltoceras (Gregoryceras) transversarium*		*Peltoceras (Gregoryceras) transversarium* *Perisphinctes plicatilis*		Mitt.
	Unt.-	*Aspidoceras biarmatum* *Euaspidoceras perarmatum*		*Cardioceras cordatum*		Unt.

zu S. 348/349

Nordwesteuropa unter Verwendung der Arbeiten von ANDERSON (1973), ARISTOV und IVANOV (1977), BARTHEL (1975), s und SHULGINA (1973), SAKS, MEŽNIKOV u. a. (1977), WIEDMANN (1967, 1968), WIMBLEDON und COPE (1978, ZEISS (1975)

…rung Russ. Plattform	Stufen		Zonengliederung SW-England	Stuf.		Zonenglied. Niedersächs. Becken
…inianus	Purbeck		ohne Ammoniten	Ob.-Malm	3–4	Bückeburg-Formation 1–5 (Wealden-Fazies)
…jasanensis u. *…s transfigurabilis*	Purbeck		ohne Ammoniten	Ob.-Malm	3–4	Serpulit
+ *Chetaites sibiricus* (+ in Sibirien)	Purbeck		ohne Ammoniten	Ob.-Malm	3–4	Osterwald Phase Katzberg-Formation
+ *Chetaites chetae*	Purbeck		ohne Ammoniten	Ob.-Malm	3–4	
…nodiger u. *…aimyrensis*	Purbeck		ohne Ammoniten	Ob.-Malm	3–4	
…subditus	Purbeck		ohne Ammoniten	Ob.-Malm	3–4	Münder Mergel
…s fulgens	Portland		*Titanites anguiformis* *Galbanites kerberus* *Galbanites okusensis* *Glaucolithites glaucolithus* *Progalbanites albani*	Ob.-Malm	3–4	ohne Ammoniten
… nikitini	Portland			Ob.-Malm	3–4	
…rgatus	Portland			Ob.-Malm	3–4	
…s panderi			*Pallasia pallasioides*	Ob.-Malm	3–4	
			Pavlovia rotunda	Ob.-Malm	3–4	Eimbeckhäuser Plattenkalk
pseudoscythicus	Kimmeridge (sensu latu)	Ob.	*Pectinatites pectinatus*	Ob.-Malm	2	
sokolovi	Kimmeridge (sensu latu)	Ob.	*Arkellites hudlestoni*	Ob.-Malm	2	
u. *Subplanites klimovi*	Kimmeridge (sensu latu)	M.	*Gravesia gigas* u. *G. gravesiana*	Ob.-Malm	1	*Gravesia gigas* u. *G. gravesiana*
…nus autissiodorensis	Kimmeridge (sensu latu)	Unt.	*Aulacostephanus autissiodorensis*	Kimmeridge (sensu strictu)		Deister Phase
…nus eudoxus	Kimmeridge (sensu latu)	Unt.	*Aulacostephanus eudoxus*	Kimmeridge (sensu strictu)		*Aulacostephanus pseudomutabilis*
…tes mniovnikensis	Kimmeridge (sensu latu)	Unt.	*Rasenia mutabilis*	Kimmeridge (sensu strictu)		
…ensis	Kimmeridge (sensu latu)	Unt.	*Rasenia cymodoce*	Kimmeridge (sensu strictu)		
…kitcheni	Kimmeridge (sensu latu)	Unt.	*Pictonia baylei*	Kimmeridge (sensu strictu)		
(Amoeboceras) alternans	Oxford	Ob.	*Ringsteadia pseudocordata* *Decipia decipiens* *Perisphinctes (P.) cautisnigrae*	Oxford		*Ringsteadia pseudocordata* *Decipia decipiens* *Perisphinctes (P.) cautisnigrae*
…s martelli u. *…zenaidae*	Oxford	Mitt.	*Perisphinctes plicatilis*	Oxford		Harzburg-Phase *Perisphinctes antecedens* *Perisphinctes plicatilis*
…cordatum *…praecordatum*	Oxford	Unt.	*Cardioceras cordatum* *Quenstedtoceras mariae*	Oxford		*Cardioceras cordatum* *Quenstedtoceras mariae*

Tabelle 25. Gliederung der Unterkreide mit einem Vergleich der Ammoniten-Zonengliederung im Nordwestdeutsch-Polnischen Becken und dem Bereich der Russischen Plattform nach Zusammenstellungen von CASEY, ALLEN u. a. (1975), CASEY (1973), DIENER (1968). GERASSIMOV (1971), KEMPER (1971, 1973), RAWSON (1972), SAZANOVA (1967, 1971) und anderen

		Nordwestdeutsch-Polnisches Becken			Russische Plattform
Ob.-	Alb		*gryphaeoides*-Schichten *sulcatus*-Schichten	*Stoliczkaia dispar* *Mortoniceras inflatum* *Dipoloceras cristatum*	*Mortoniceras inflatum*
Mitt.-			*concentricus*-Schichten	*Euhoplites lautus* *Euhoplites loricatus* *Hoplites dentatus*	*Hoplites dentatus*
Unt.-			*regularis*- bis	*Douvilleiceras mamillatum* *Leymeriella regularis* *Leymeriella tardefurcata* *Parahoplites schrammeni*	*Leymeriella tardefurcata*
Ob.-	„Gargas" Apt		*nolani*-Tone	*Hypacanthoplites jacobi* *Nolaniceras nolani* *Parahoplites nutfieldiensis* *Epicheloniceras laticostatum* *Tropaeum drewi*	*Cheloniceras tschernischevi*
Unt.-	„Bedoul"			*Tropaeum bowerbanki* *Deshayesites deshayesi* *Prodeshayesites tenuicostatus*	*Deshayesites deshayesi*
Ob.-	Barrême			*Parancyloceras bidentatum* *Simancyloceras stolleyi*	
Mitt.-				*„Crioceratites" sparsicosta* *„Crioceratites" denckmanni* *Paracrioceras elegans*	
Unt.-				*„Hoplocrioceras" fissicostatum* *„Hoplocrioceras" rarocinctum* *Crioceratites strombecki*	*Simbirskites decheni*
Ob.-	Hauterive			*Simbirskites (Crasp.) discofalcatus* *Simbirskites (Crasp.) gottschei* *Simbirskites (Mil.) staffi* *Simbirskites (Speet.) inversum*	*Simbirskites (Speetoniceras) versicolor*
Unt.-				*Endemoceras regale* *Endemoceras noricum* *Endemoceras amblygonum*	*Leopoldia biassalensis*
Ob.-	Valangin	Ob.-Valendis	*Astieria*-Schichten Arnoldien-Schichten Dichotomiten-Schichten	*Olcostephanus astierianus* *Dicostella pitrei* *Dichotomites bidichotomus* *Dichotomites tardescens* *Dichotomites biscissoides* *Prodichotomites polytomus*	*Homolsomites petschorensis* *Polyptichites polyptychus*
Unt.-		Mitt.-Valendis	Polyptichiten-Schichten	*Polyptychites sphaeroidalis* *Polyptychites clarkei*	*Polyptichites michalski* u. *Polyptichites keyserlingi*
			Platylenticeras-Schichten	*Platylenticeras involutum* *Platylenticeras heteropleurum* *Platylenticeras robustum*	*Temnoptychites hoplitoides* *Pseudogarnieria undulatoplicata*
	Rjazan Berrias			Bückeberg-Formation (Wealden-Fazies) — ohne Ammoniten Serpulit — ohne Ammoniten Münder Mergel 5 (Katzberg-F.) — ohne Ammoniten	*Surites spasskensis* *Riasanites rjasanensis*

Tabelle 26. Leitformen und Gliederung der Oberkreide des Nordwestdeutsch-Polnischen Beckens zusammengestellt nach ERNST (1963, 1964, 1970, 1971, 1972), JELETZKY (1951, 1958), SCHLÜTER (1871–1872, 1874, 1876), SEITZ (1961), 1965, 1967, 1970), STOLLEY (1897, 1911, 1916, 1925, 1937), TRÖGER (1967)

Gliederung nach d'Orbigny	internationale Gliederung		Gliederung nach Schlüter, Stolley u. a.	Ammoniten-Zonengliederung im Nordwestdeutsch-Polnischen Becken	wichtige Leitformen (Parachronologie)
Senonien	Ober-	Maastricht		*Sphenodiscus* *Discoscaphites constrictus*	*Belemnella casimirovensis* *Belemnitella junior*
	Unter-		Lanceolatensenon	*Pachydiscus neubergicus*	*Belemnella sumensis* (= occidentalis) *Belemnella lanceolata*
	Ober-	Campan	Mucronatensenon	*Bostrychoceras polyplocum* *Hoplitoplacenticeras coesfeldiense*	*Belemnitella mucronata*, *Galerites vulgaris*
	Unter-		Quadratensenon	*Diplacmoceras bidorsatum*	*Gonioteuthis quadrata*: *Echinocorys conica*, *Galeola senonensis*, *Offaster pilula*
			Granulatensenon		*Gonioteuthis granulataquadata*
	Ober-	Santon		*Placenticeras syrtale*	*Marsupites* *Gonioteuthis granulata*
	Mitt.-				*Uintacrinus* *Inoceramus pinniformis*
	Unter-		Emscher	*Texanites texanum*	*Inoceramus cordiformis* *Inoceramus undulatoplicatus*
	Ober-	Coniac		*Paratexanites emscheris*	*Inoceramus subquadratus*
	Mitt.-			*Peroniceras westphalicum* u. *Barroisiceras haberfellneri*	*Inoceramus involutus* u. *Inoceramus koeneni*
	Unter-				
Turonien	Ober-	Turon	Turon		*Inoceramus schloenbachi*
	Mitt.-			*Scaphites geinitzi* u. *Hyphantoceras reussianum*	*Inoceramus costellatus* *Inoceramus lamarcki*
	Unter-			*Collignoniceras woolgari* u. *Mammites nodosoides*	*Inoceramus labiatus*
Cenomanien	Ober-	Cenoman	Cenoman	*Calycoceras naviculare*	*Actinocamax plenus* *Inoceramus pictus*
	Mitt.-			*Acanthoceras rhotomagensis*	*Actinocamax primus* *Inoceramus crippsi*
	Unter-			*Mantelliceras mantelli*	*Neohibolites ultimus*

Tabelle 27. Rhythmus der Trans- und Regressionen im Mesozoikum

Ein Punkt oder Kreis – Andeutung einer Trans- beziehungsweise Regression **Zwei Punkte oder Kreise – ausgeprägte Trans- beziehungsweise Regression**

		Inlandvereisung	Transgression														Inundation	Regression													
			N- und NW-Europa	Mitteleuropa	E-Europa	S- und SW-Europa	Nordamerika	E-Grönland	Arktis u. W-Grönld.	N-Asien	Zentral- u. S-Asien	E-Asien	Australien	Afrika	Südamerika	Antarktis		N- und NW-Europa	Mitteleuropa	E-Europa	S- und SW-Europa	Nordamerika	E-Grönland	Arktis u. W-Grönld.	N-Asien	Zentral- u. S-Asien	E-Asien	Australien	Afrika	Südamerika	Antarktis
Kreide, Ober-	Maastricht			●						●				●			■	○○	○○	○○		○	○				○○ ○				
Kreide, Ober-	Campan		●	●	●		●		●					●	●			○		○○							○				
Kreide, Ober-	Santon				●			●		●								○	○○									○		○	
Kreide, Ober-	Coniac					●	●●					●●		●	●				○○		○										
Kreide, Ober-	Turon			●	●	●	●	●	●●	●	●	●	●	●	●		■		○	○	○				○○		○				
Kreide, Ober-	Cenoman		●	●●	●	●	●●				●		●●	●●	●	●?	■			○							○				
Kreide, Unter-	Alb		●●	●●	●●	●	●●			●		●●		●	●					○				○				○		○	
Kreide, Unter-	Apt		●				●	●				●	●●	●	●	●				○											
Kreide, Unter-	Barrême																		○○	○		○	○				○○			○	
Kreide, Unter-	Hauterive			●	●	●						●●							○						○						
Kreide, Unter-	Valangin			●	●	●	●	●●	●	●●				●	●●												○○				
Kreide, Unter-	Berrias							●				●●				●●															
Jura, Malm	Tithon			●	●●		●		●			●●	●	●	●●	●●	■		○○	○○	○		○								
Jura, Malm	Kimmeridge		●											●●	●●		■					○○								○○	
Jura, Malm	Oxford				●	●●	●●	●	●								■											○○	○○		
Jura, Dogger	Callov		●●	●●	●●	●●	●●		●●	●●	●?	●	●	●●	●●				○	○	○○										
Jura, Dogger	Bathon		●●		●●					●●			●	●●				○○	○○					○○						○○	
Jura, Dogger	Bajoc			●● ●	●●	●●	●	●●					●●		●●			○○	○○					○○		○		○			
Jura, Dogger	Aalen												●										○○		○○	○					
Jura, Lias	Toarc				●●				●	●				●	●?		■	○	○	○○											
Jura, Lias	Domer																		○												
Jura, Lias	Carix		●	●	●																										
Jura, Lias	Pliensbach							●	●	●		●			●																
Jura, Lias	Sinemur		●●	●●		●●								●●	●											○					
Jura, Lias	Hettang		●●	●●		●●						●	●?		●●																
Trias	Rhät		●	●●	●●	●											■				○	○○		○○	○		○○				
Trias	Nor					●●			●●			●●			●●																
Trias	Karn		●●	● ●●			●●					●●			●						○			○○		○	○				
Trias	Ladin					●● ●								●				○○	○○		○		○○				○○			○○	
Trias	Anis			●●	●●													○	○												
Trias	Skyth					●●		●	●●									○○	○○				○								

Bem.: Das Pliensbach (= Carix und Domer) wurde auf Grund der im außereuropäischen Bereich vielfach nicht sicher innerhalb des Plensbacheinstufbaren Trans- und Regressionen doppelt als Pliensbach sowie als Carix und Domer getrennt dargestellt.

zu S. 424/425

Tabelle 28: Biostratigraphische Gliederung des Tertiärs (vertikale Abstände nicht zeitbezogen)

	Gliederung: Serie	M.Y.	Gliederung: Stufe		Planktische Foraminiferen Zonen nach BLOW (1969)	Großforaminiferen	Radiolarien-Zonen n. RIEDEL (1971) u.a.	Nannoplankton-Zonen n. MARTINI u. WORSLEY (1970)	Säugetiere Zonen n. MEIN (1975)	Europäische Kont. Stufen
	Hangendes:		Pleistozän		N 22 Globorotalia truncatulinoides ↓		Euc. matuyamai	NN 19 P. lacunosa	Procamptoceras, Archidiscodon	Villafranchium
Neogen (Jung-Tertiär)	Pliozän	1,8	Piacenzium	Rossellian	N 21; N 20	Borelis ↑	Lamprocyrtis heteroporus; Sphaeropyle langii	18 Discoaster brouweri; 17 D. pentaradiatus; 16 D. surculus; 15 R. pseudoumbilica; 14 D. asymmetricus	16; 15; Zygolophodon; Tetralophodon; Equus; Hipparion	Villafranchium
			Zanclium/Tabianium	Rossellian	N 19; N 18 Globor. margaritae ↓			13 Ceratolithus rugosus; 12 C. tricorniculatus	14; 13; Pliohippus; Anancus	Ruscinium
	Miozän (Ober-)	5,3	Messinium	Castellanian	N 17 Pulleniatina ↓		Stichocorys peregrina; Omm. penultimus	11 D. quinqueramus	12/11	Turolium
		7,5	Tortonium	Castellanian	N 16 Globorotalia acostaensis ↓		Omm. antepenultimus	10 D. calcaris	10	
	Miozän (Mittel-)	12	Serravallium	Cessolian	N 15; N 14; N 13; N 12/11; N 10	Lepidocyclina; Borelis; Eulepidina; Miogypsina	Cannartus ? petterssoni; C. laticonus	9 D. hamatus; 8 C. coalitus; 7 D. kugleri; 6 D. exilis	9 Diceros; 8	Vallesium; Öhningium
		15,5	Langhium	Cessolian	N 9; N 8 Praeorbulina glomerosa ↓		Dorcadospyris alata	5 S. heteromorphus	6 Hypohippus und Merychippus	"Vindobonium"
	Miozän (Unter-)	16,5	Burdigalium	Girondian	N 7; N 6		Calocycletta costata	4 Helicopontosph. ampliaperta	4; 3; Anchitherium	Burdigalium
		19,5	Aquitanium	Girondian	N 5; N 4 Globigerinoides kugleri ↓		Calocycletta virginis	3 Sph. belemnos; 2 O. druggii; 1 Triquetrorh. carinatus	2; 1; Miohippus	Aquitanium
Paläogen (Alt-Tertiär)	Oligozän	24	Chattium		N 3 = P 22; N 2 = P 21		Lychnoc. bipes; D. atteuchus	NP 25 S. ciperoensis; 24 Sphenolithus distentus	Mesohippus	Chattium
			Rupelium		N 1 = P 20; P 19 Pseudohastigerina ↑		Theocyrtis tuberosa	23 Sph. predistentus	Palaeomastodon	Rupelium
			Unt. Oligozän		P 18			22 Helicopontosph. reticulata; 21 Ericsonia subdisticha		Unt.-Oligozän
	Eozän	33	Priabonium		P 17; P 16; P 15 Hantkenina ↑	Nummulites	Thyrsoc. bromia; Thyrs. tetracantha	20 Sph. pseudoradians; 19 Isthm. recurvus; 18 Ch. oamaruensis	Moeritherium; Lophiodon	Priabonium
		37,5	Bartonium		P 14; P 13; P 12	N. prestwichianus; N. orbignyi	P. goetheana; P. chalara; Podocyrtis mitra	17 D. saipanensis; 16 D. tani nodifer	Hyracotherium	Bartonium
			Lutetium		P 11; P 10 Hantkenina ↑	N. variolarius; N. laevigatus	Podocyrtis ampla; Thyrs. triacantha; Theocampe mongolfieri	15 Chiphr. alatus		Lutetium
			Ypresium		P 9; P 8; P 7; P 6 Pseudohastigerina ↑	Assilina; N. planulatus	Theocotyle cryptocephala; Phormoc. striata; Burgella clinata; Bekoma bidartensis	14 D. sublodoensis; 13 D. lodoensis; 12 M. tribrachiatus; 11 D. binodosus; 10 M. contortus		Ypresium
	Paläozän	51	Thanetium		P 5; P 4; P 3	Alveolina; Discocyclina	nicht zoniert	9 D. multiradiatus; 8 Heliolithus riedeli; 7 D. gemmeus; 6 H. kleinpelli; 5 Fasc. tympaniformis; 4 Ellips. macellus	Condylarthra	Thanetium
		60	Montium / Danium		P 2; P 1 G. daubjergensis ↑			3 Ch. danicus; 2 Cr. tenuis; 1 Markalius inversus		Dano-Montium
	Liegendes:	65	Maastricht		Globotruncana ↑					Maastricht

Schema 2

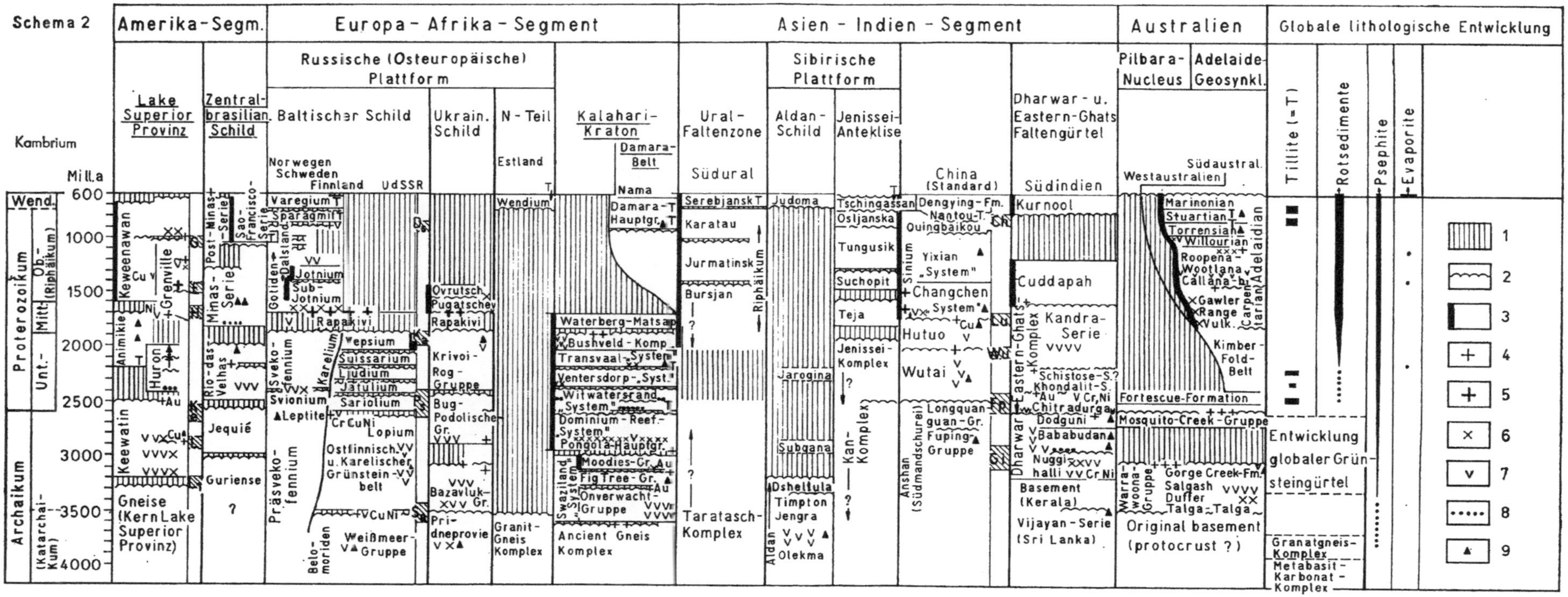

Versuch einer Korrelation einiger regionaler Profile des Präkambriums

zusammengestellt von Tröger und Watznauer unter Verwendung der Arbeiten von Acenolaza und Miller (1982), Chadwick (1981), Cooper und and. (1982), Emslie (1978), Hall und Goode (1978), Hoth in Hohl (1981), Krömmelbein (1978), Lotze und Schmidt (1966), Lotze (1968), Rozanov und Sokolov (1982), Salop (1973, 1977), Simonen (1980), Sokolov und Stenar (1980), Xingyuan und Zhengwen (1981), Zhu Shixing (1982)

1 – Schichtlücken; 2 – Orogenesen, Metamorphosen; 3 – Plattform-Bildungen; 4 – saure Intrusiva; 5 – saure Intrusiva (Rapakivi); 6 – saurer bis intermediärer Vulkanismus; 7 – basischer Vulkanismus, im Archaikum Flächenintrusionen; 8 – Gold- und Uran-führende Konglomerate; 9 – Eisenerze

T = Tillite; Ni = Nickelerze; Cr = Chromerze; Au = Gold-Führung Hauptgr. = Hauptgruppe; Gr. = Gruppe; S. = Serie; Fm. = Formation; b. = beds

Verwendete Gliederung des Präkambriums (Spalte 1) nach Keller (1968).

Orogenesen	Nordamerika			Nordeuropa			China		
		G	= Grenvillian		D_s	= Dalslandian		Ch	= Chengchiang
		E	– Elsonian		Ka	= Svekokareliden		Ll	= Luliang
		H	= Hudsonian bzw. Penokean		Ps	= Prae-Svekokareliden		Wu	= Wutai
		L	= Laurentian		Sa	= Saamiden		Fp	= Fuping
		L_1	= Prae-Laurentian					Qi	= Qianxi

zu S. 88/89

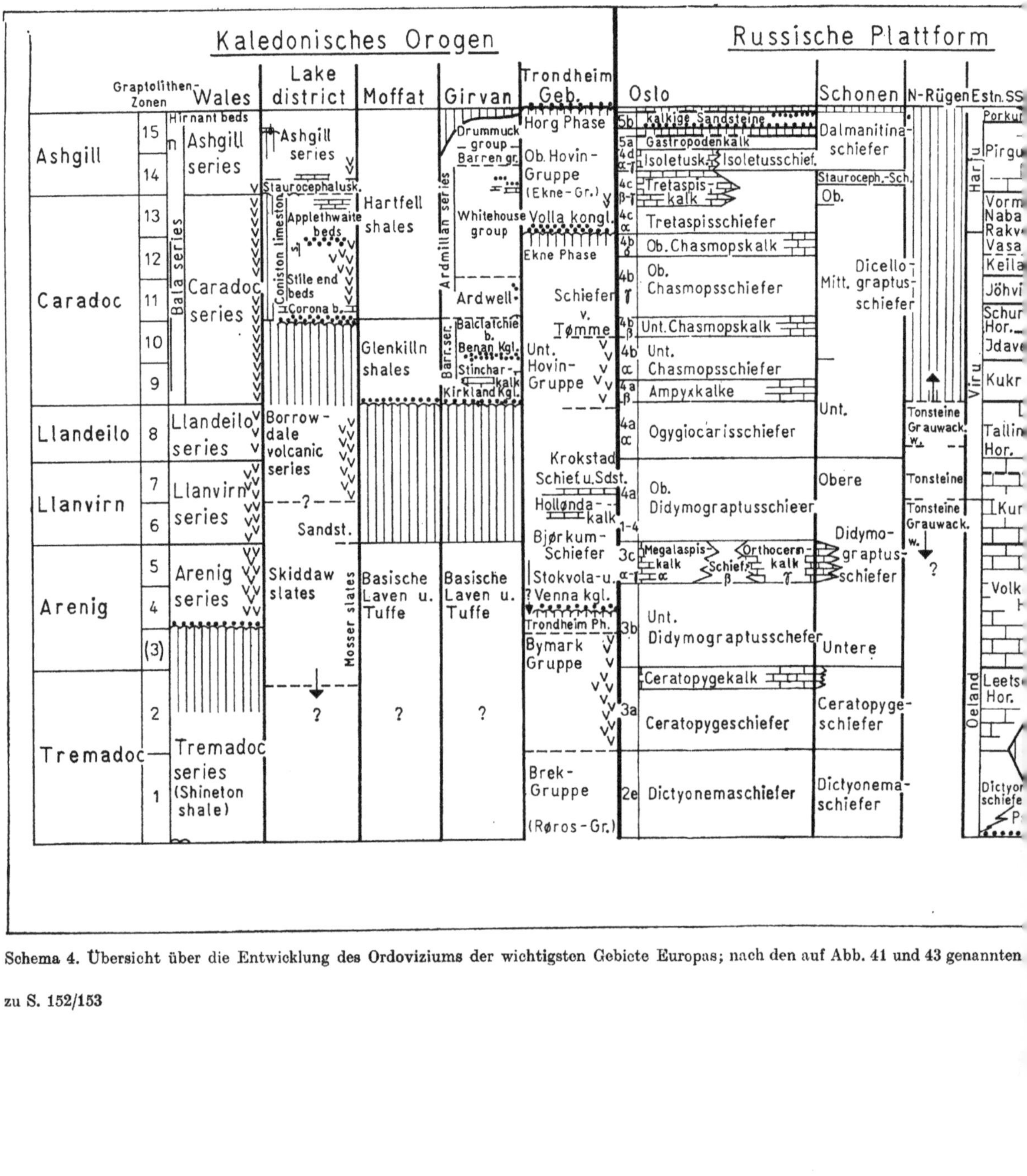

Schema 4. Übersicht über die Entwicklung des Ordoviziums der wichtigsten Gebiete Europas; nach den auf Abb. 41 und 43 genannten

zu S. 152/153

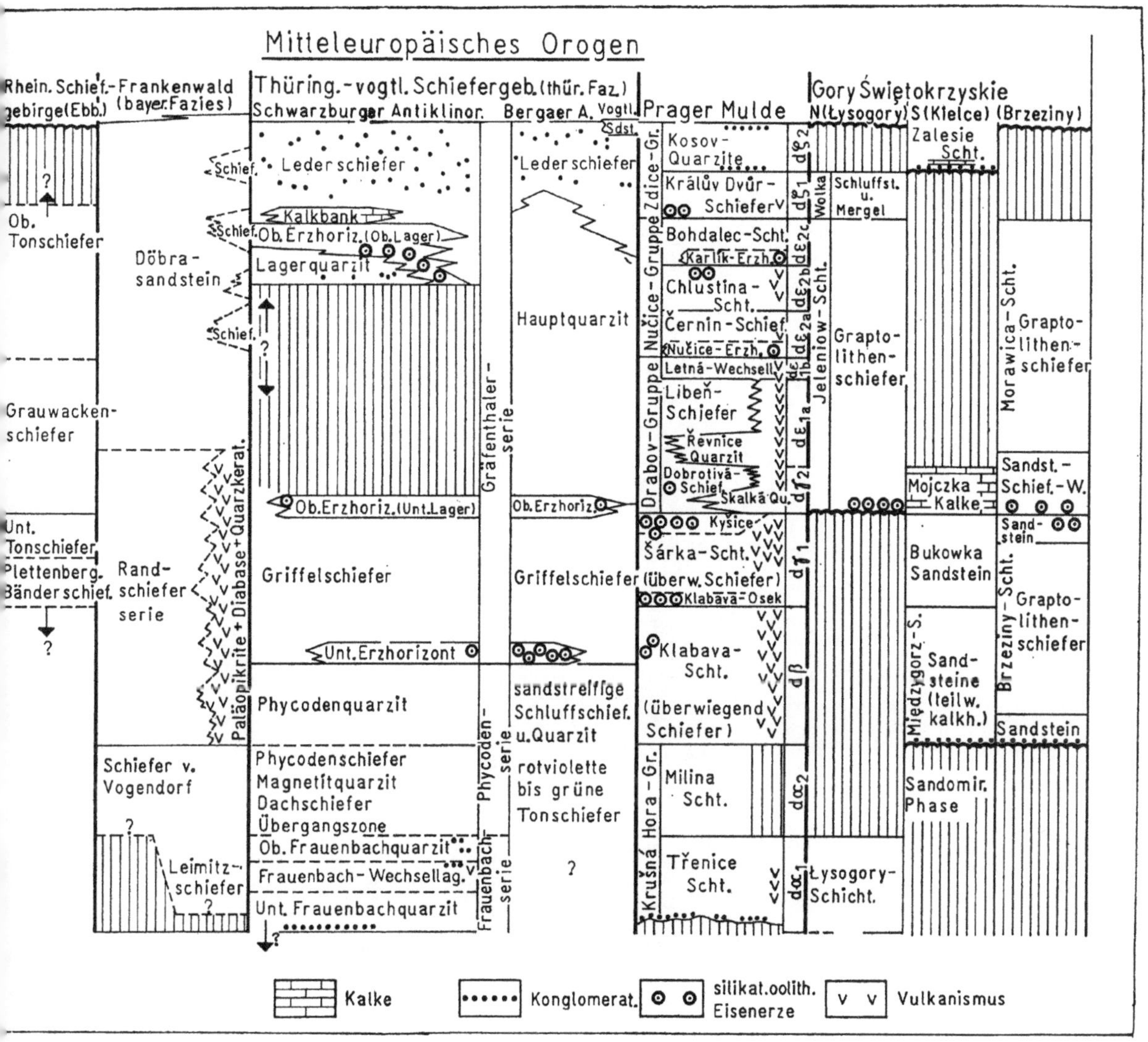

…e Wright und Whittington (1972)

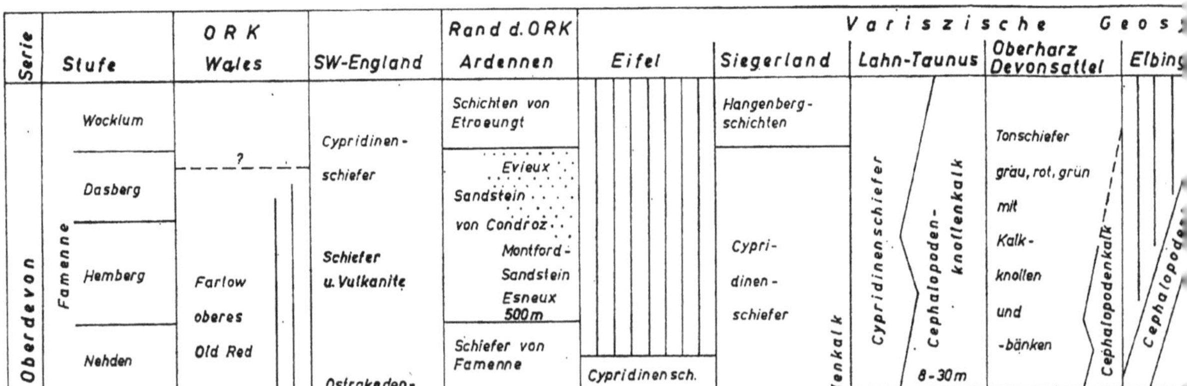

Schema 8. Stratigraphisches Korrelationsschema des Devons in Europa

(Zentralteil der Tafel = Russische Tafel)

zu S. 202/203

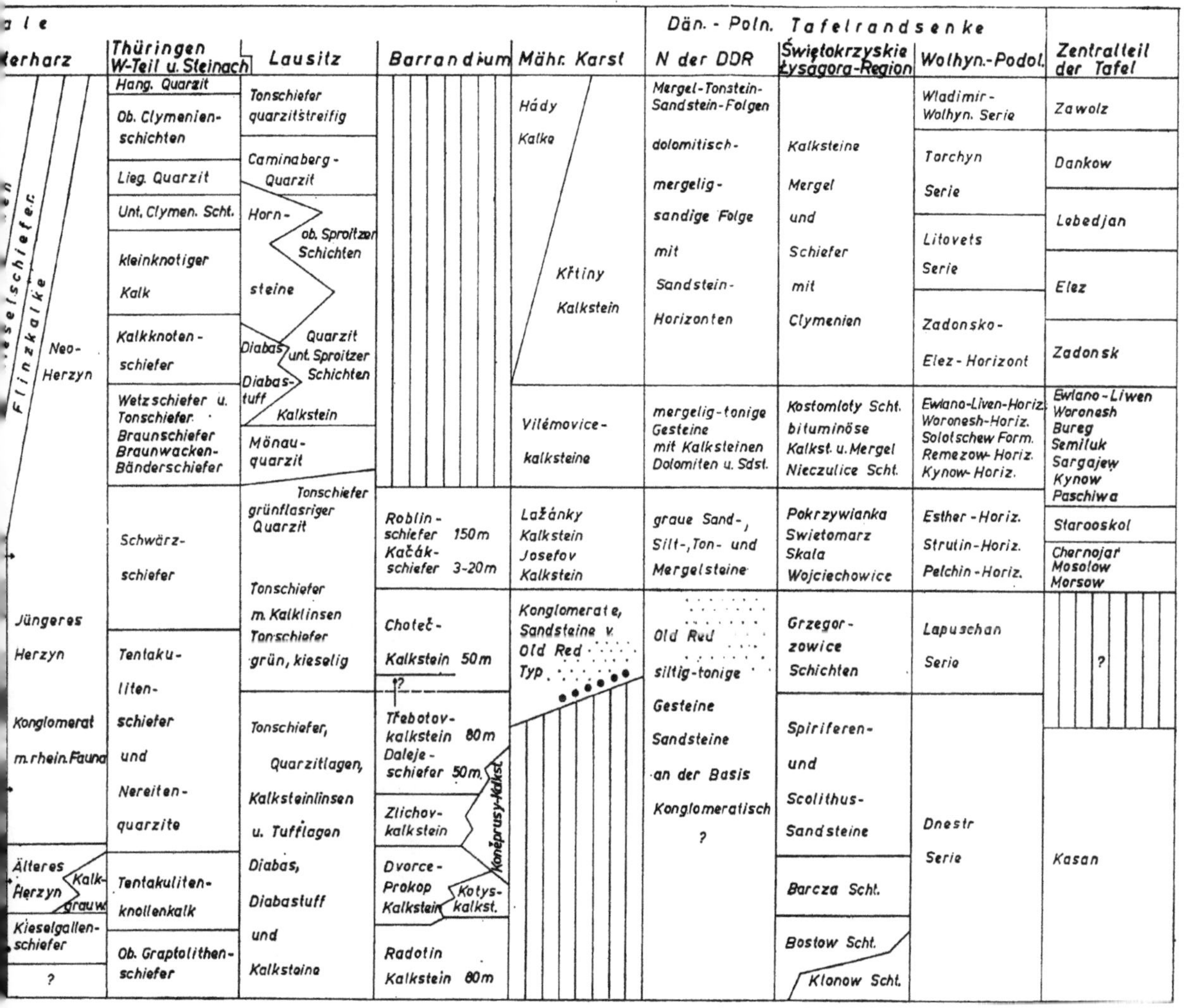

a l e
Dän. - Poln. Tafelrandsenke
…erharz
Thüringen W-Teil u. Steinach
Lausitz
Barrandium
Mähr. Karst
N der DDR
Świętokrzyskie Łysagora-Region
Wolhyn.-Podol.
Zentralteil der Tafel
…selschiefer
Flinzkalke
Neo-Herzyn
Jüngeres Herzyn
Konglomerat m. rhein. Fauna
Älteres Herzyn
Kalk-grauw.
Kieselgallen-schiefer
?
Hang. Quarzit
Ob. Clymenien-schichten
Lieg. Quarzit
Unt. Clymen. Scht.
kleinknotiger Kalk
Kalkknoten-schiefer
Wetzschiefer u. Tonschiefer Braunschiefer Braunwacken-Bänderschiefer
Schwärz-schiefer
Tentakuliten-schiefer und Nereiten-quarzite
Tentakuliten-knollenkalk
Ob. Graptolithen-schiefer
Tonschiefer quarzitstreifig
Caminaberg-Quarzit
Horn-steine
ob. Sproitzer Schichten
Quarzit unt. Sproitzer Schichten
Diabas
Diabas-tuff
Kalkstein
Mönau-quarzit
Tonschiefer grünflasriger Quarzit
Tonschiefer m. Kalklinsen
Tonschiefer grün, kieselig
Tonschiefer, Quarzitlagen, Kalksteinlinsen u. Tufflagen
Diabas, Diabastuff und Kalksteine
Roblin-schiefer 150m
Kačák-schiefer 3-20m
Choteč-Kalkstein 50m
?
Třebotov-kalkstein 80m
Daleje-schiefer 50m
Zlichov-kalkstein
Dvorce-Prokop Kalkstein
Koněprusy-Kalkst.
Kotys-kalkst.
Radotin Kalkstein 80m
Hády Kalke
Křtiny Kalkstein
Vilémovice-kalksteine
Lažánky Kalkstein
Josefov Kalkstein
Konglomerate, Sandsteine v. Old Red Typ
Mergel-Tonstein-Sandstein-Folgen
dolomitisch-mergelig-sandige Folge mit Sandstein-Horizonten
mergelig-tonige Gesteine mit Kalksteinen Dolomiten u. Sdst.
graue Sand-, Silt-, Ton- und Mergelsteine
Old Red
siltig-tonige Gesteine Sandsteine an der Basis Konglomeratisch
?
Kalksteine Mergel und Schiefer mit Clymenien
Kostomloty Scht. bituminöse Kalkst. u. Mergel Nieczulice Scht.
Pokrzywianka Swietomarz Skala Wojciechowice
Grzegor-zowice Schichten
Spiriferen- und Scolithus-Sandsteine
Barcza Scht.
Bostow Scht.
Klonow Scht.
Wladimir-Wolhyn. Serie
Torchyn Serie
Litovets Serie
Zadonsko-Elez-Horizont
Ewlano-Liven-Horiz.
Woronesh-Horiz.
Solotschew Form.
Remezow-Horiz.
Kynow-Horiz.
Esther-Horiz.
Strutin-Horiz.
Pelchin-Horiz.
Lapuschan Serie
Dnestr Serie
Zawolz
Dankow
Lebedjan
Elez
Zadonsk
Ewlano-Liwen
Woronesh
Bureg
Semiluk
Sargajew
Kynow
Paschiwa
Starooskol
Chernojar
Mosolow
Morsow
?
Kasan

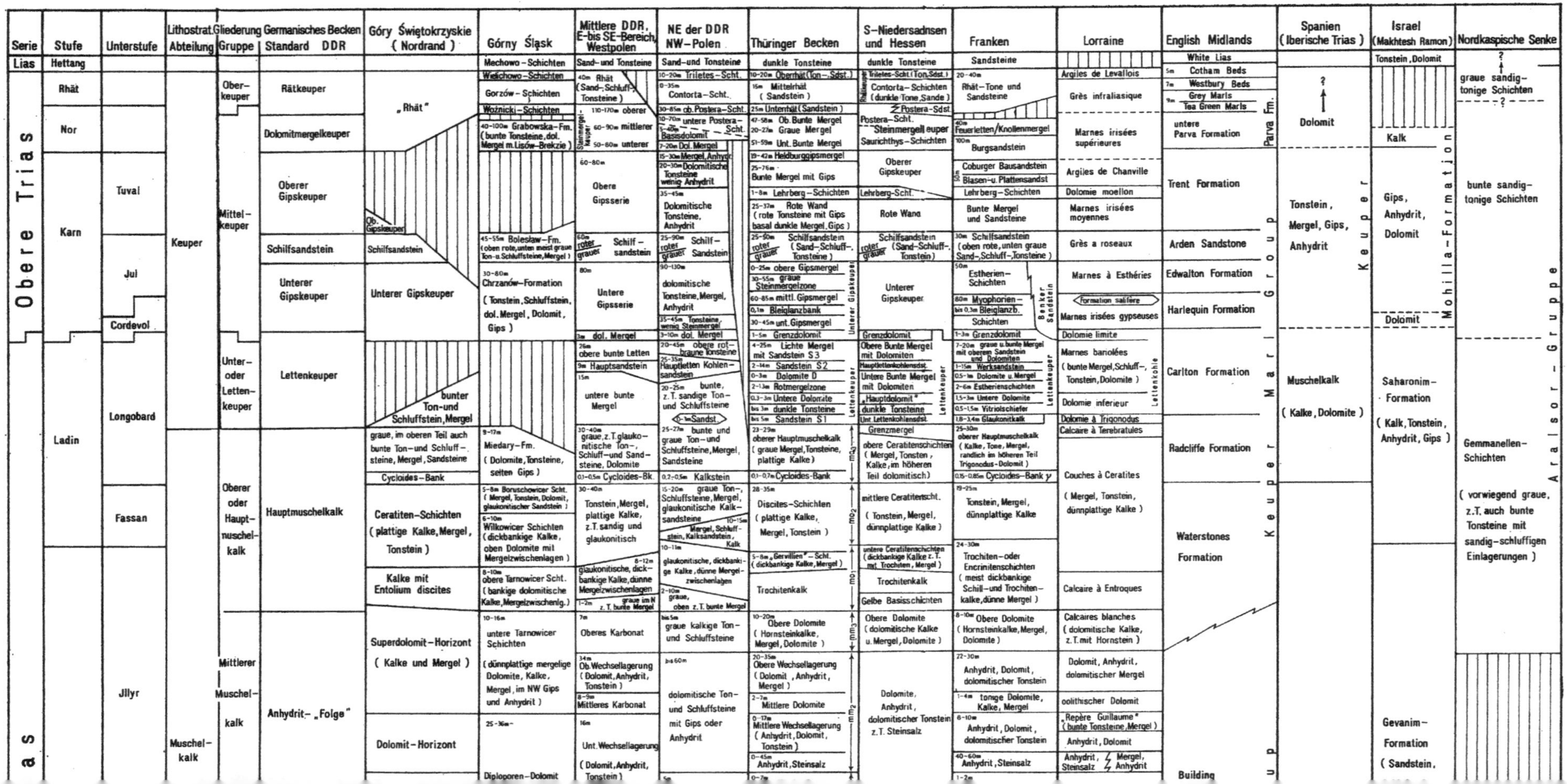

Serie
Lias
Obere Trias
Stufe
Hettang
Rhät
Nor
Karn
Ladin
Unterstufe
Tuval
Jul
Cordevol
Longobard
Fassan
Jllyr
Lithostrat. Gliederung
Abteilung
Gruppe
Keuper
Muschelkalk
Oberkeuper
Mittelkeuper
Unter- oder Lettenkeuper
Oberer oder Hauptmuschelkalk
Mittlerer Muschelkalk
Germanisches Becken Standard DDR
Rätkeuper
Dolomitmergelkeuper
Oberer Gipskeuper
Schilfsandstein
Unterer Gipskeuper
Lettenkeuper
Hauptmuschelkalk
Anhydrit-„Folge"
Góry Świętokrzyskie (Nordrand)
„Rhät"
Ob. Gipskeuper
Schilfsandstein
Unterer Gipskeuper
bunter Ton-und Schluffstein, Mergel
graue, im oberen Teil auch bunte Ton-und Schluff-steine, Mergel, Sandsteine
Cycloides-Bank
Ceratiten-Schichten (plattige Kalke, Mergel, Tonstein)
Kalke mit Entolium discites
Superdolomit-Horizont (Kalke und Mergel)
Dolomit-Horizont
Górny Śląsk
Mechowo-Schichten
Wielichowo-Schichten
Gorzów-Schichten
Woźnicki-Schichten
40-100m Grabowska-Fm. (bunte Tonsteine, dol. Mergel m. Lisów-Brekzie)
45-55m Bolesław-Fm. (oben rote, unten meist graue Ton-u. Schluffsteine, Mergel)
30-80m Chrzanów-Formation (Tonstein, Schluffstein, dol. Mergel, Dolomit, Gips)
9-17m Miedary-Fm. (Dolomite, Tonsteine, selten Gips)
5-8m Boruschowicer Scht. (Mergel, Tonstein, Dolomit, glaukonitischer Sandstein)
6-10m Wilkowicer Schichten (dickbankige Kalke, oben Dolomite mit Mergelzwischenlagen)
8-10m obere Tarnowicer Scht. (bankige dolomitische Kalke, Mergelzwischenlg.)
10-16m untere Tarnowicer Schichten
(dünnplattige mergelige Dolomite, Kalke, Mergel, im NW Gips und Anhydrit)
25-36m
Diploporen-Dolomit
Mittlere DDR, E-bis SE-Bereich, Westpolen
Sand- und Tonsteine
40m Rhät (Sand-, Schluff-, Tonsteine)
110-170m oberer
60-90m mittlerer
50-60m unterer
Steinmergelkeuper
60-80m Obere Gipsserie
60m roter grauer Schilf-sandstein
80m Untere Gipsserie
3m dol. Mergel
26m obere bunte Letten
9m Hauptsandstein
15m untere bunte Mergel
30-40m graue, z.T. glaukonitische Ton-, Schluff-und Sandsteine, Dolomite
0,1-0,5m Cycloides-Bk.
30-40m Tonstein, Mergel, plattige Kalke, z.T. sandig und glaukonitisch
glaukonitische, dickbankige Kalke, dünne Mergelzwischenlagen
1-2m graue im N z.T. bunte Mergel
7m Oberes Karbonat
34m Ob. Wechsellagerung (Dolomit, Anhydrit, Tonstein)
8-9m Mittleres Karbonat
16m Unt. Wechsellagerung (Dolomit, Anhydrit, Tonstein)
NE der DDR NW-Polen
Sand-und Tonsteine
10-20m Triletes-Scht.
0-35m Contorta-Scht.
30-85m ob. Postera-Scht.
10-70m untere Postera-Scht.
Basisdolomit
7-20m Dol. Mergel
15-30m Mergel, Anhydrit
20-30m Dolomitische Tonsteine wenig Anhydrit
35-45m Dolomitische Tonsteine, Anhydrit
25-90m roter grauer Schilf-Sandstein
90-130m dolomitische Tonsteine, Mergel, Anhydrit
35-45m Tonsteine, wenig Steinmergel
3-10m dol. Mergel
20-45m obere rot-braune Tonsteine
25-35m Hauptletten Kohlen-sandstein
20-25m bunte, z.T. sandige Ton-und Schluffsteine
0-1m Sandst.
25-27m bunte und graue Ton-und Schluffsteine, Mergel, Sandsteine
0,2-0,5m Kalkstein
15-20m graue Ton-, Schluffsteine, Mergel, glaukonitische Kalk-sandsteine
Mergel, Schluff-stein, Kalksandstein, Kalk
10-11m glaukonitische, dickbankige Kalke, dünne Mergelzwischenlagen
2-10m graue, oben z.T. bunte Mergel
bis 5m graue kalkige Ton-und Schluffsteine
bis 60m dolomitische Ton-und Schluffsteine mit Gips oder Anhydrit
Thüringer Becken
dunkle Tonsteine
10-20m Oberrhät (Ton-, Sdst.)
15m Mittelrhät (Sandstein)
25m Unterrhät (Sandstein)
47-58m Ob. Bunte Mergel
20-27m Graue Mergel
51-59m Unt. Bunte Mergel
19-42m Heldburggipsmergel
25-76m Bunte Mergel mit Gips
1-8m Lehrberg-Schichten
25-37m Rote Wand (rote Tonsteine mit Gips basal dunkle Mergel, Gips)
25-50m roter grauer Schilfsandstein (Sand-, Schluff-, Tonsteine)
0-25m obere Gipsmergel
30-55m graue Steinmergelzone
60-85m mittl. Gipsmergel
0,1m Bleiglanzbank
30-45m unt. Gipsmergel
1-5m Grenzdolomit
4-25m Lichte Mergel mit Sandstein S3
2-14m Sandstein S2
0-3m Dolomite D
2-13m Rotmergelzone
0,3-3m Untere Dolomite
bis 3m dunkle Tonsteine
bis 5m Sandstein S1
23-29m oberer Hauptmuschelkalk (graue Mergel, Tonsteine, plattige Kalke)
0,1-0,7m Cycloides-Bank
28-35m Discites-Schichten (plattige Kalke, Mergel, Tonstein)
5-8m „Gervillien"-Scht. (dickbankige Kalke, Mergel)
Trochitenkalk
10-20m Obere Dolomite (Hornsteinkalke, Mergel, Dolomite)
20-35m Obere Wechsellagerung (Dolomit, Anhydrit, Mergel)
2-7m Mittlere Dolomite
0-17m Mittlere Wechsellagerung (Anhydrit, Dolomit, Tonstein)
0-45m Anhydrit, Steinsalz
0-7m
Unterer Gipskeuper
Lettenkeuper
mo₂
mo₁
mm₃
mm₂
S-Niedersachsen und Hessen
dunkle Tonsteine
Triletes-Scht. (Ton, Sdst.)
Contorta-Schichten (dunkle Tone, Sande)
Postera-Sdst.
Postera-Scht.
Steinmergelkeuper
Saurichthys-Schichten
Rhätkeuper
Oberer Gipskeuper
Lehrberg-Scht.
Rote Wand
roter grauer Schilfsandstein (Sand-Schluff-, Tonstein)
Unterer Gipskeuper
Grenzdolomit
Obere Bunte Mergel mit Dolomiten
Hauptlettenkohlensdst.
Untere Bunte Mergel mit Dolomiten
„Hauptdolomit"
dunkle Tonsteine
Unt. Lettenkohlensdst.
Grenzmergel
obere Ceratitenschichten (Mergel, Tonsteine, Kalke, im höheren Teil dolomitisch)
mittlere Ceratitenscht. (Tonstein, Mergel, dünnplattige Kalke)
untere Ceratitenschichten (dickbankige Kalke z.T. mit Trochiten, Mergel)
Trochitenkalk
Gelbe Basisschichten
Obere Dolomite (dolomitische Kalke u. Mergel, Dolomite)
Dolomite, Anhydrit, dolomitischer Tonstein z.T. Steinsalz
Lettenkeuper
Franken
Sandsteine
20-40m Rhät-Tone und Sandsteine
40m Feuerletten/Knollenmergel
100m Burgsandstein
Coburger Bausandstein
Blasen-u. Plattensandst.
Lehrberg-Schichten
Bunte Mergel und Sandsteine
30m Schilfsandstein (oben rote, unten graue Sand-, Schluff-, Tonsteine)
50m Estherien-Schichten
80m Myophorien-
bis 0,3m Bleiglanzb.
Schichten
Benker Sandstein
1-3m Grenzdolomit
7-20m graue u. bunte Mergel mit oberem Sandstein und Dolomiten
1-15m Werksandstein
0,5-1m Dolomite u. Mergel
2-6m Estherienschichten
1,5-3m Untere Dolomite
0,5-1,5m Vitriolschiefer
1,8-3,4m Glaukonitkalk
25-30m oberer Hauptmuschelkalk (Kalke, Tone, Mergel, randlich im höheren Teil Trigonodus-Dolomit)
0,15-0,85m Cycloides-Bank γ
19-25m Tonstein, Mergel, dünnplattige Kalke
24-30m Trochiten-oder Encrinitenschichten (meist dickbankige Schill-und Trochitenkalke, dünne Mergel)
8-10m Obere Dolomite (Hornsteinkalke, Mergel, Dolomite)
22-30m Anhydrit, Dolomit, dolomitischer Tonstein
1-4m tonige Dolomite, Kalke, Mergel
6-10m Anhydrit, Dolomit, dolomitischer Tonstein
40-60m Anhydrit, Steinsalz
1-2m
Lettenkeuper
Lorraine
Argiles de Levallois
Grès infraliasique
Marnes irisées supérieures
Argiles de Chanville
Dolomie moellon
Marnes irisées moyennes
Grès a roseaux
Marnes à Esthéries
Formation salifère
Marnes irisées gypseuses
Dolomie limite
Marnes banolées (bunte Mergel, Schluff-, Tonstein, Dolomite)
Dolomie inferieur
Dolomie à Trigonodus
Calcaire à Terebratules
Lettenkohle
Couches à Ceratites (Mergel, Tonstein, dünnplattige Kalke)
Calcaire à Entroques
Calcaires blanches (dolomitische Kalke, z.T. mit Hornstein)
Dolomit, Anhydrit, dolomitischer Mergel
oolithischer Dolomit
Repère Guillaume" (bunte Tonsteine, Mergel)
Anhydrit, Dolomit
Anhydrit, Steinsalz
Mergel, Anhydrit
English Midlands
White Lias
5m Cotham Beds
7m Westbury Beds
9m Grey Marls
Tea Green Marls
untere Parva Formation
Parva Fm.
Trent Formation
Arden Sandstone
Edwalton Formation
Harlequin Formation
Carlton Formation
Radcliffe Formation
Waterstones Formation
Building
Mercia Mudstone Group
Keuper Marl Group
Spanien (Iberische Trias)
?
Dolomit
Tonstein, Mergel, Gips, Anhydrit
Muschelkalk (Kalke, Dolomite)
Keuper
Israel (Makhtesh Ramon)
Tonstein, Dolomit
Kalk
Gips, Anhydrit, Dolomit
Dolomit
Mohilla-Formation
Saharonim-Formation (Kalk, Tonstein, Anhydrit, Gips)
Gevanim-Formation (Sandstein,
Nordkaspische Senke
?
graue sandig-tonige Schichten
?
bunte sandig-tonige Schichten
Gemmanellen-Schichten
(vorwiegend graue, z.T. auch bunte Tonsteine mit sandig-schluffigen Einlagerungen)
Aralsor-Gruppe

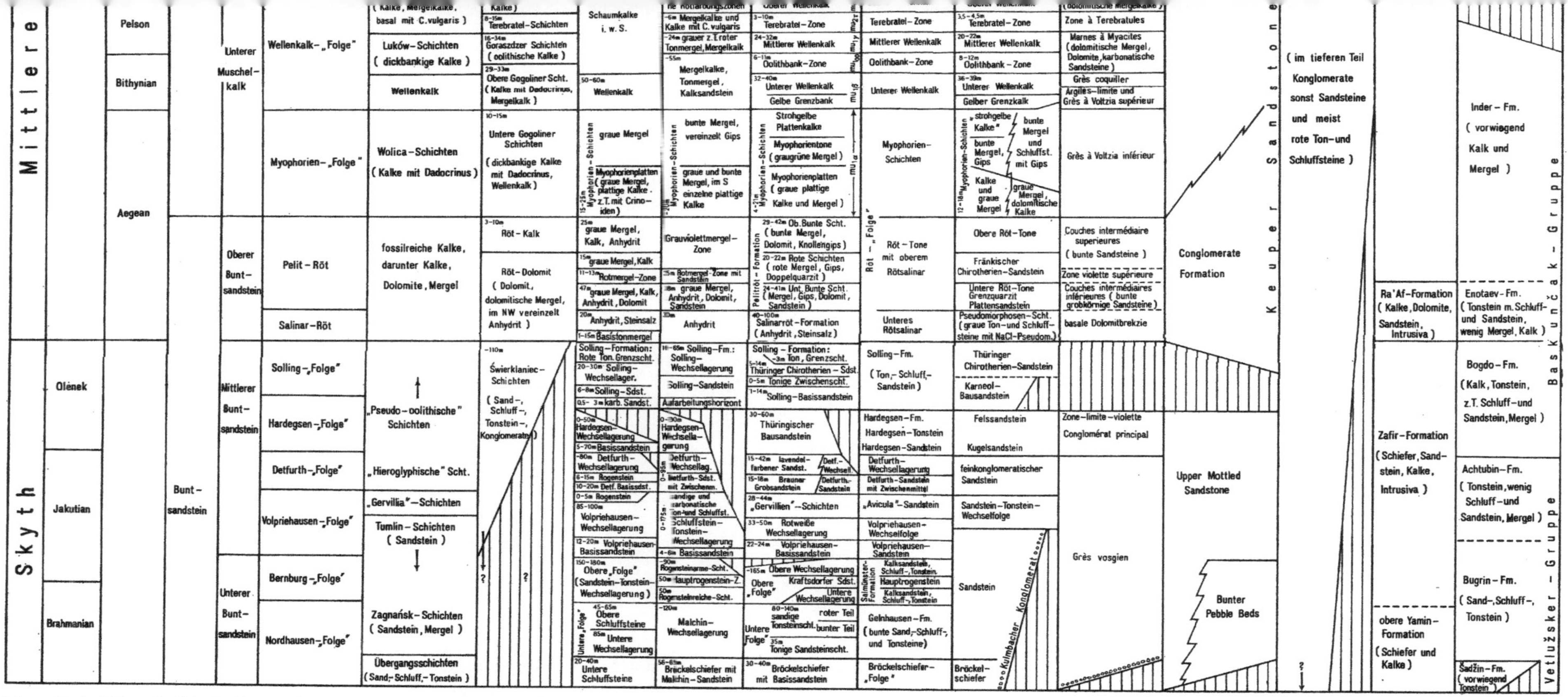

Schema 15. Ausbildung der Trias im Germanischen Becken und anderen Randbecken der westlichen und zentralen Tethys

Zusammengestellt nach BILAN (1976), BIRKENMAJER (1976), DOCKTER u. a., (1980), HOPPE und SEIDEL (1974), KOTLICKI (1974), KOZUR (1974, 1975), KRÖMMELBEIN (1977), LAUGIER (1963), MOVŠOVIČ und KOZUR (1975), PICARD und FLEXER (1974), VIRGILI u. a. (in VIRGILI 1977)

Berichtigungen zum Klischee: Die Jakutian/Olenekian-Grenze liegt tiefer, im unteren Teil der Detfurth-„Folge" und zeitlichen Äquivalenten. Die Skyth/Anis-Grenze liegt geringfügig höher, im unteren Teil des Salinar-Röt und zeitlichen Äquivalenten. Der Muschelkalk der Iberischen Trias beginnt erst im oberen Longobard, und er umfaßt große Teile des Cordevol. Spalte NE der DDR, NW-Polen: Statt Hauptletten Kohlensandstein lies Hauptlettenkohlensandstein. Spalte Lorraine: Lies Grès à roseaux; Dolomie inférieur; Couches intermédiaires supérieures.

zu S. 326/327

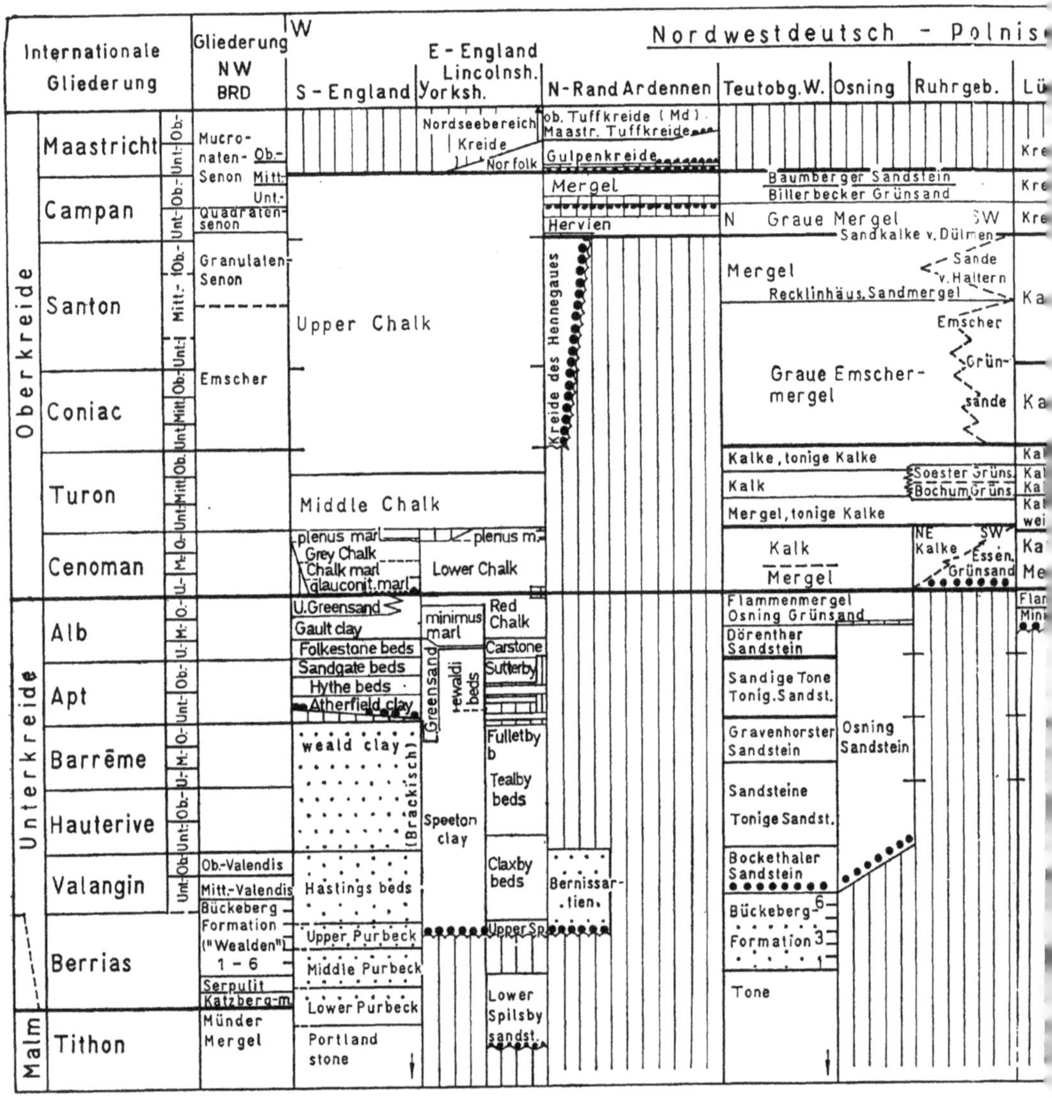

Schema 20, Stratigraphische Tabelle der Kreide in Europa außerhalb der Tethys

Zusammengestellt nach den auf den Abb. 100–103 genannten Autoren sowie RAWASON, CURRY, DILLEY u. a. (1978)

zu S. 390/391

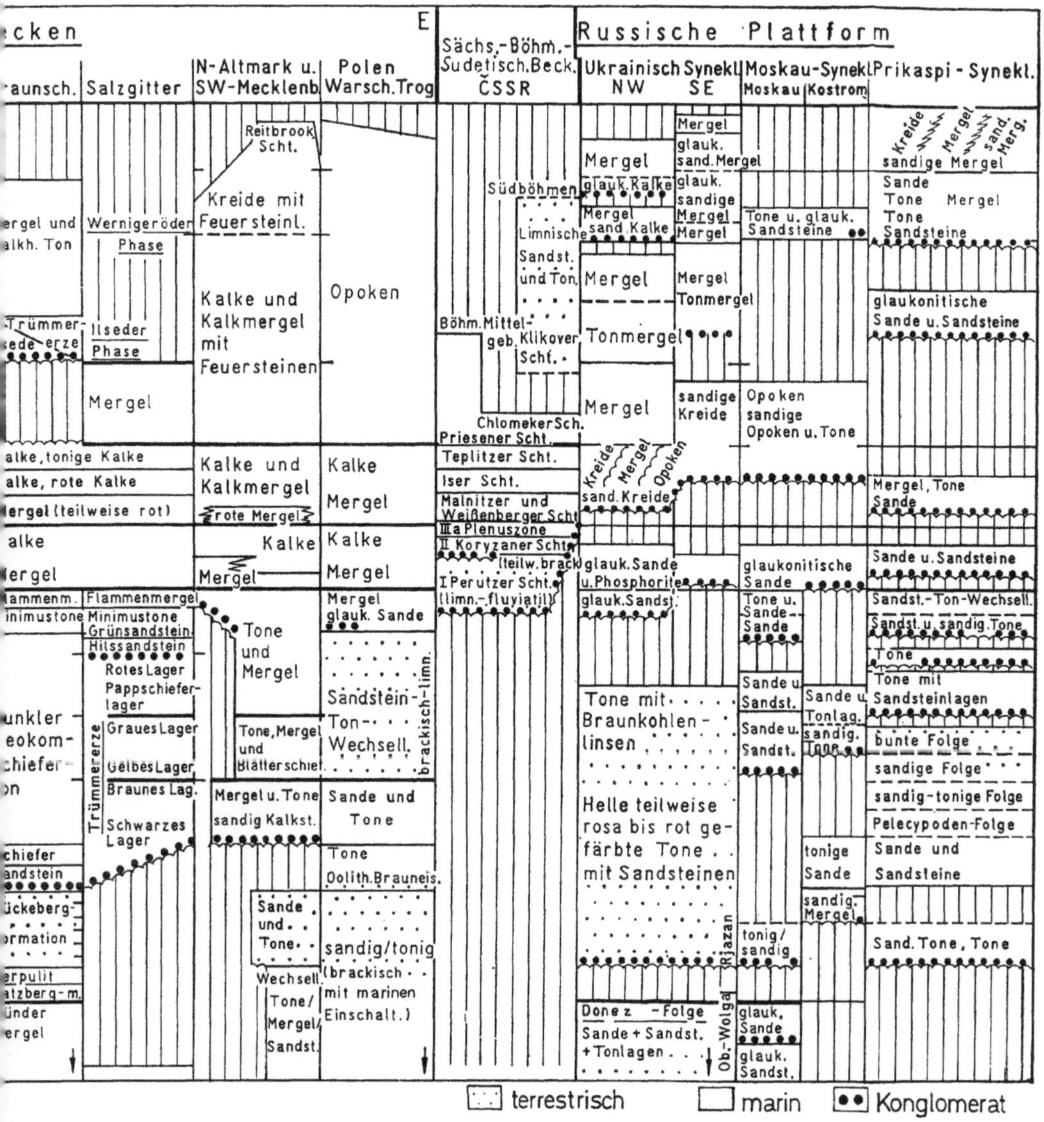

E
Russische Plattform
Salzgitter
N-Altmark u. SW-Mecklenb.
Polen Warsch. Trog
Sächs.-Böhm.-Sudetisch. Beck. ČSSR
Ukrainisch Synekl. NW SE
Moskau-Synekl. Moskau Kostrom.
Prikaspi-Synekl.
Reitbrook Scht.
Kreide mit Feuersteinl.
Wernigeröder Phase
Kalke und Kalkmergel mit Feuersteinen
Opoken
Ilseder Phase
Mergel
Südböhmen
Limnische Sandst. und Ton
Böhm. Mittelgeb.
Klikover Scht.
Chlomeker Sch.
Priesener Scht.
Teplitzer Scht.
Iser Scht.
Malnitzer und Weißenberger Scht.
IIIa Plenuszone
II Koryzaner Scht.
I Perutzer Scht. (limn.-fluviatil)
(teilw. brack.)
glauk. Kalke
sand. Kalke
Tonmergel
Kreide Mergel Opoken
sand. Kreide
glauk. Sande u. Phosphorite
glauk. Sandst.
Tone mit Braunkohlen-linsen
Helle teilweise rosa bis rot gefärbte Tone mit Sandsteinen
Donez-Folge
Sande + Sandst. + Tonlagen
Rjazan
Ob.-Wolga
glauk. sand. Mergel
glauk. sandige Mergel
sandige Kreide
Tone u. glauk. Sandsteine
Opoken sandige Opoken u. Tone
glaukonitische Sande
Tone u. Sande
Sande u. Sandst.
Sande u. Tonlag.
sandig. Tone
tonige Sande
sandig. Mergel
tonig/sandig
glauk. Sande
glauk. Sandst.
Kreide Mergel sand. Merg.
sandige Mergel
Sande Tone Mergel
Tone Sandsteine
glaukonitische Sande u. Sandsteine
Mergel, Tone Sande
Sande u. Sandsteine
Sandst.-Ton-Wechsell.
Sandst. u. sandig. Tone
Tone
Tone mit Sandsteinlagen
bunte Folge
sandige Folge
sandig-tonige Folge
Pelecypoden-Folge
Sande und Sandsteine
Sand. Tone, Tone
Kalke, tonige Kalke
Kalke, rote Kalke
Mergel (teilweise rot)
Kalke
Mergel
rote Mergel
Flammenmergel
Minimustone
Grünsandstein
Hilssandstein
Rotes Lager
Pappschiefer-lager
Graues Lager
Gelbes Lager
Braunes Lag.
Schwarzes Lager
Trümmererze
Tone und Mergel
Tone, Mergel und Blätterschief.
Mergel u. Tone sandig Kalkst.
Sande und Tone
Sandstein-Ton-Wechsell.
brackisch-limn.
Mergel glauk. Sande
Tone
Oolith. Brauneis.
Sande und Tone
Wechsell. Tone/Mergel/Sandst.
sandig/tonig (brackisch mit marinen Einschalt.)
terrestrisch
marin
Konglomerat

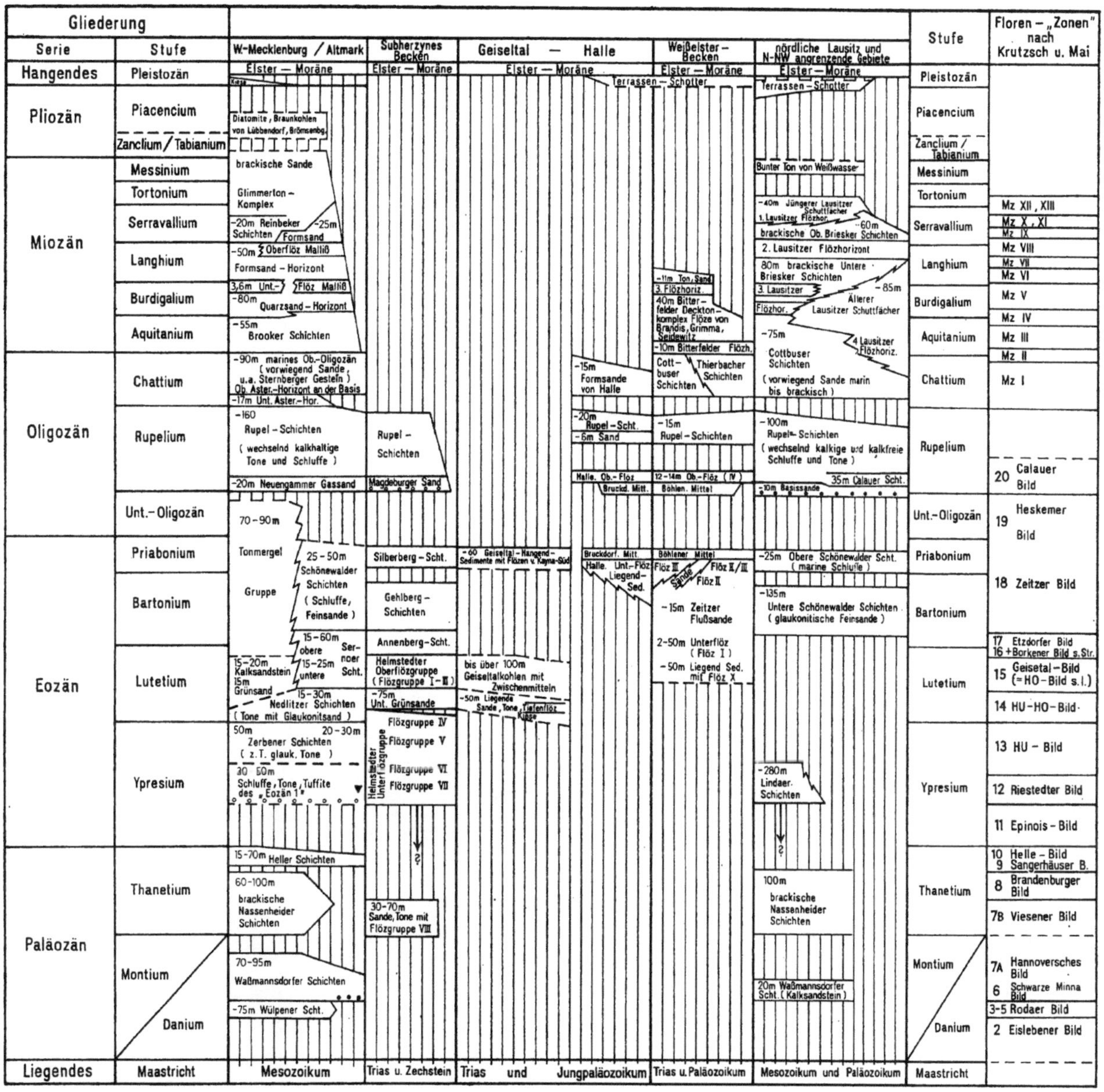

Schema 22a. Außertethyales Tertiär von Europa

Die Korrelationen der brackisch-ästuarinen und limnisch-terrestrischen Schichten sowie der Florenzonen mit marinen Ablagerungen und ihrer Zonengliederung sind vielfach noch sehr unsicher. Problematisch ist auch die Lage der Eozän/Oligozän-Grenze.

Zusammengestellt nach Berggren (1972), Cavelier und Pomerol (1976), Ciuk (1974), Curry (1968), Hinsch und Ortlam (1974), King und King (1973), Krömmelbein (1977), Lotsch (1968), Odrzywolska-Bienkowa, Požaryska und Martini (1978); Papp (1959); Piwocki (1975), Piwocki, Požaryska u. a. (1978), Pomerol (1978), Robaszynski (1979) sowie nach Unterlagen und wertvollen Hinweisen von Dr. King, Watford, Dr. Oertli, Pau, Prof. Dr. Pomerol, Paris, Prof. Dr. Požaryska, Warszawa, Dr. sc. Seneš, Bratislava, und Prof. Dr. Tobien, Mainz

zu S. 442/443

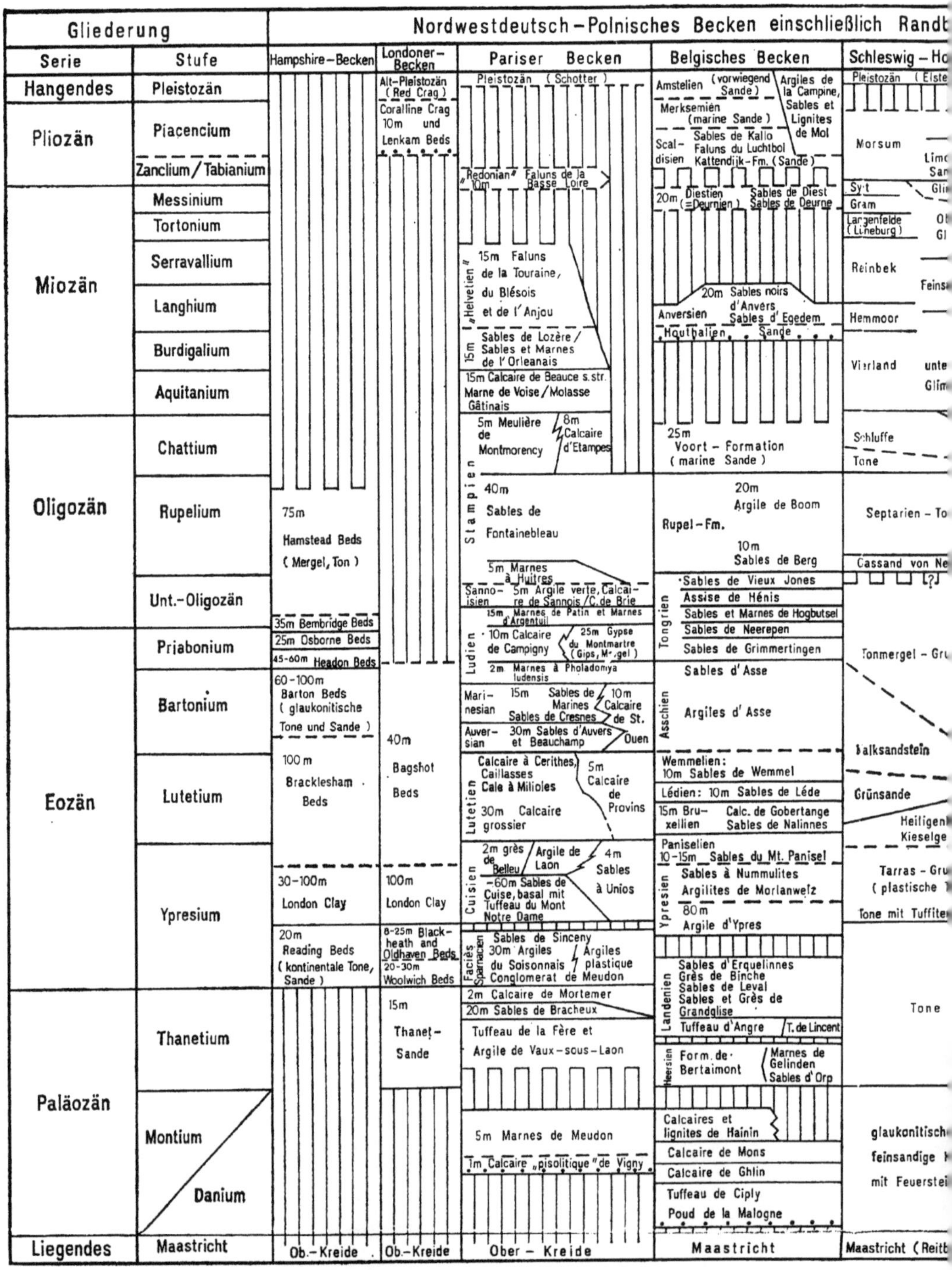

Schema 22b. Außertethyales Tertiär von Europa (Fortsetzung)

zu S. 442/443

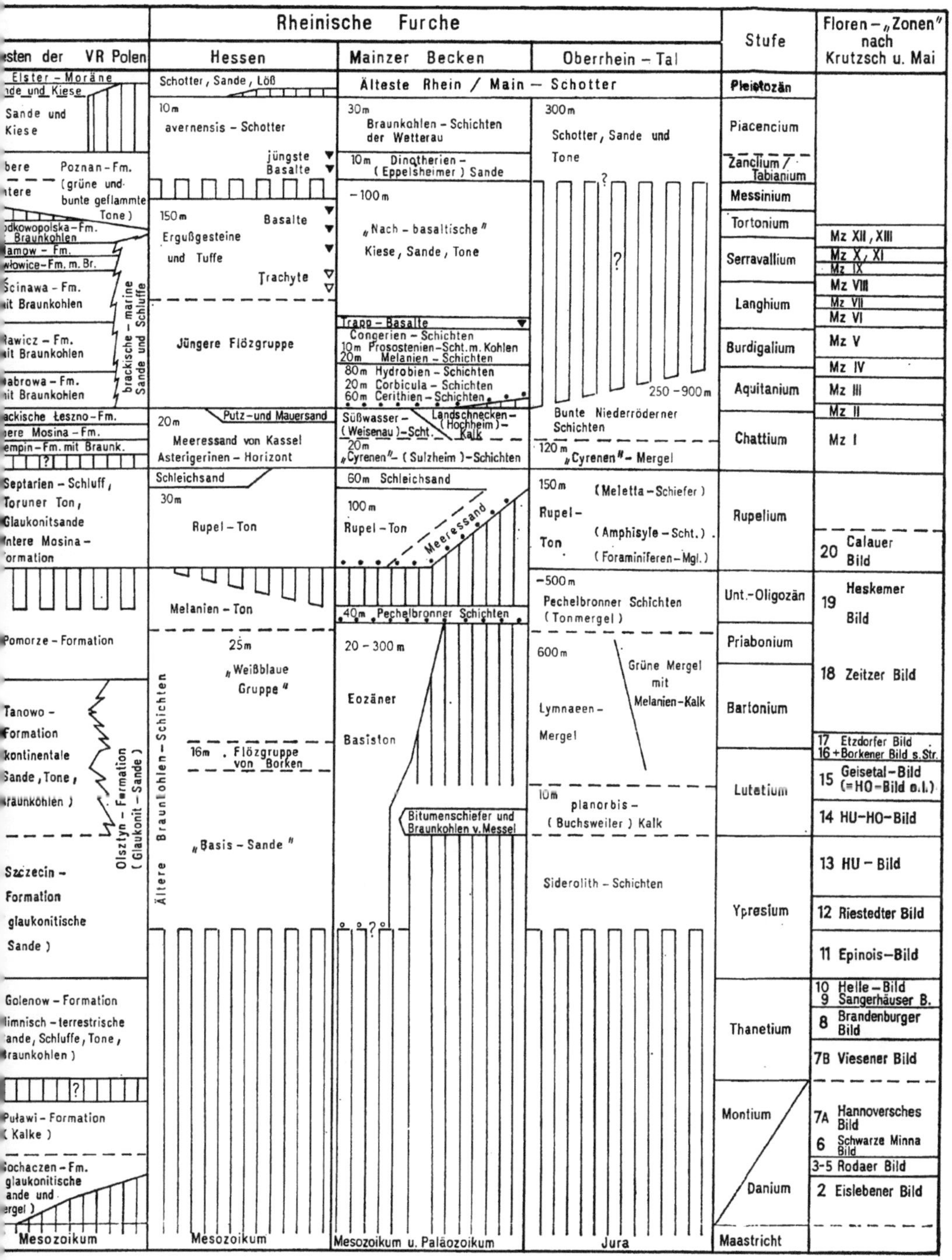

Rheinische Furche
Stufe
Floren – „Zonen" nach Krutzsch u. Mai
…sten der VR Polen
Hessen
Mainzer Becken
Oberrhein – Tal
Elster – Moräne
…nde und Kiese
Sande und Kiese
…bere … Poznan – Fm.
…ntere … (grüne und bunte geflammte Tone)
…odkowopolska – Fm. … Braunkohlen
…amow – Fm.
…włowice – Fm. m. Br.
Ścinawa – Fm. …it Braunkohlen
…awicz – Fm. …it Braunkohlen
…abrowa – Fm. …it Braunkohlen
brackische – marine Sande und Schluffe
…ackische Łeszno – Fm.
…ere Mosina – Fm.
…empin – Fm. mit Braunk.
?
Septarien – Schluff, Toruner Ton, Glaukonitsande …ntere Mosina – …ormation
Pomorze – Formation
Tanowo – Formation kontinentale Sande, Tone, Braunkohlen)
Olsztyn – Formation (Glaukonit – Sande)
Szczecin – Formation glaukonitische Sande)
Golenow – Formation limnisch – terrestrische …ande, Schluffe, Tone, Braunkohlen)
?
Puławi – Formation (Kalke)
…ochaczen – Fm. glaukonitische …ande und …ergel)
Mesozoikum
Schotter, Sande, Löß
10m avernensis – Schotter
jüngste Basalte
150m Ergußgesteine und Tuffe
Basalte
Trachyte
Jüngere Flözgruppe
20m
Putz – und Mauersand
Meeressand von Kassel
Asterigerinen – Horizont
Schleichsand
30m
Rupel – Ton
Melanien – Ton
25m „Weißblaue Gruppe"
Ältere Braunkohlen – Schichten
16m . Flözgruppe von Borken
„Basis – Sande"
Mesozoikum
Älteste Rhein / Main – Schotter
30m Braunkohlen – Schichten der Wetterau
10m Dinotherien – (Eppelsheimer) Sande
– 100m „Nach – basaltische" Kiese, Sande, Tone
Trapp – Basalte
Congerien – Schichten
10m Prosostenien – Scht. m. Kohlen
20m Melanien – Schichten
80m Hydrobien – Schichten
20m Corbicula – Schichten
60m Cerithien – Schichten
Süßwasser – (Weisenau) – Scht.
Landschnecken – (Hochheim) – Kalk
20m „Cyrenen" – (Sulzheim) – Schichten
60m Schleichsand
100m Rupel – Ton
Meeressand
40m Pechelbronner Schichten
20 – 300 m Eozäner Basiston
Bitumenschiefer und Braunkohlen v. Messel
?
Mesozoikum u. Paläozoikum
300m Schotter, Sande und Tone
?
?
250 – 900m
Bunte Niederröderner Schichten
120m „Cyrenen" – Mergel
150m Rupel – Ton
(Meletta – Schiefer)
(Amphisyle – Scht.)
(Foraminiferen – Mgl.)
– 500m Pechelbronner Schichten (Tonmergel)
600m Lymnaeen – Mergel
Grüne Mergel mit Melanien – Kalk
10m planorbis – (Buchsweiler) Kalk
Siderolith – Schichten
Jura
Pleistozän
Piacencium
Zanclium / Tabianium
Messinium
Tortonium
Serravallium
Langhium
Burdigalium
Aquitanium
Chattium
Rupelium
Unt. – Oligozän
Priabonium
Bartonium
Lutetium
Ypresium
Thanetium
Montium
Danium
Maastricht
Mz XII, XIII
Mz X, XI
Mz IX
Mz VIII
Mz VII
Mz VI
Mz V
Mz IV
Mz III
Mz II
Mz I
20 Calauer Bild
19 Heskemer Bild
18 Zeitzer Bild
17 Etzdorfer Bild
16 + Borkener Bild s. Str.
15 Geisetal – Bild (= HO – Bild s. l.)
14 HU – HO – Bild
13 HU – Bild
12 Riestedter Bild
11 Epinois – Bild
10 Helle – Bild
9 Sangerhäuser B.
8 Brandenburger Bild
7B Viesener Bild
7A Hannoversches Bild
6 Schwarze Minna Bild
3-5 Rodaer Bild
2 Eislebener Bild

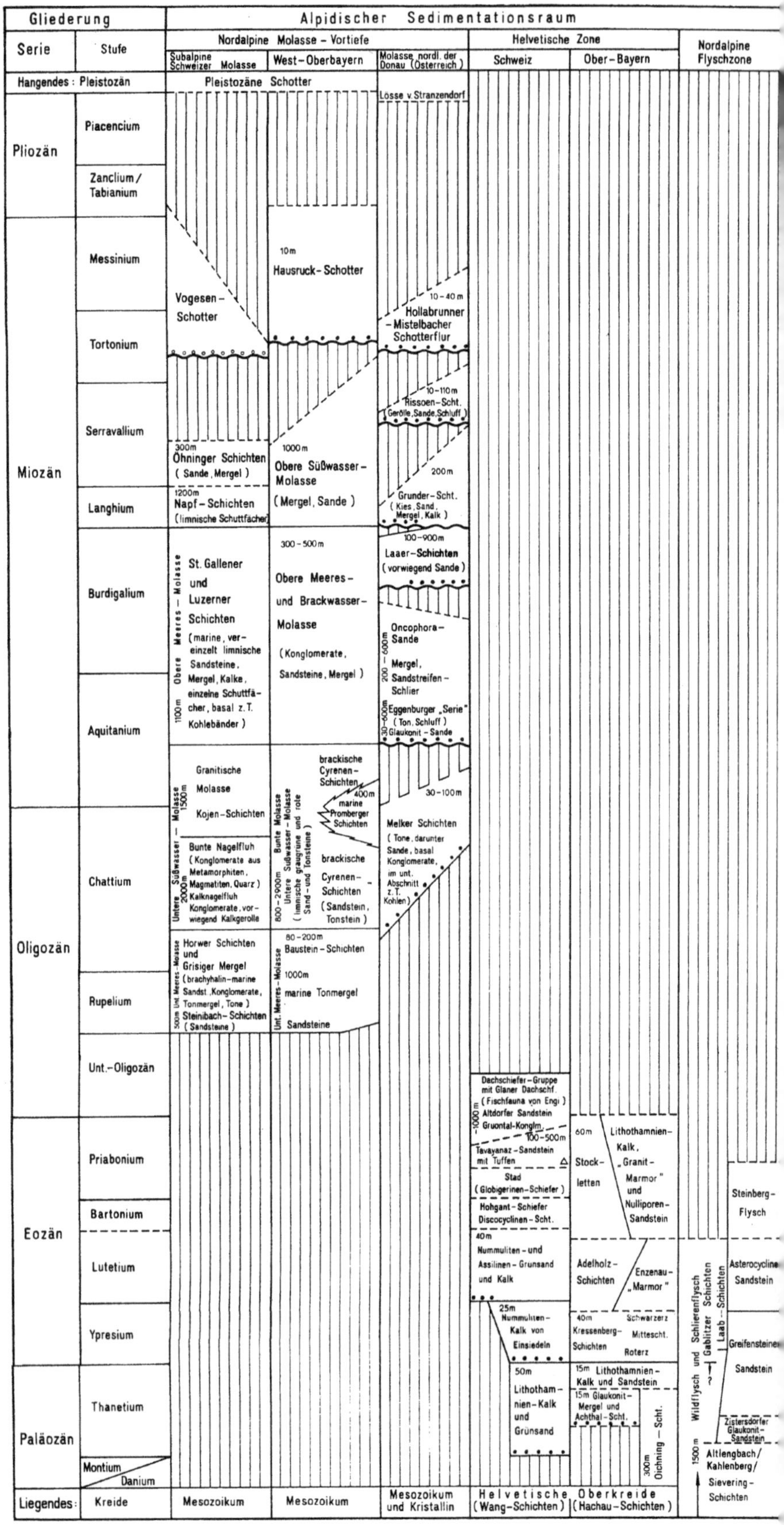

Schema 23. Entwicklung des Tertiärs in der europäischen Tethys und Paratethys

nach BÜCHI und SCHLANKE (1977), GIDAI (1976, 1978), HAGN, HERM und MARTINI (1978), HÁMOR und JÁMBOR (1978 wichtigen Hinweisen, die freundlicherweise Prof. Dr. SENEŠ, Bratislava, und Prof. Dr STEININGER, Wien, übermi

zu S. 456/457

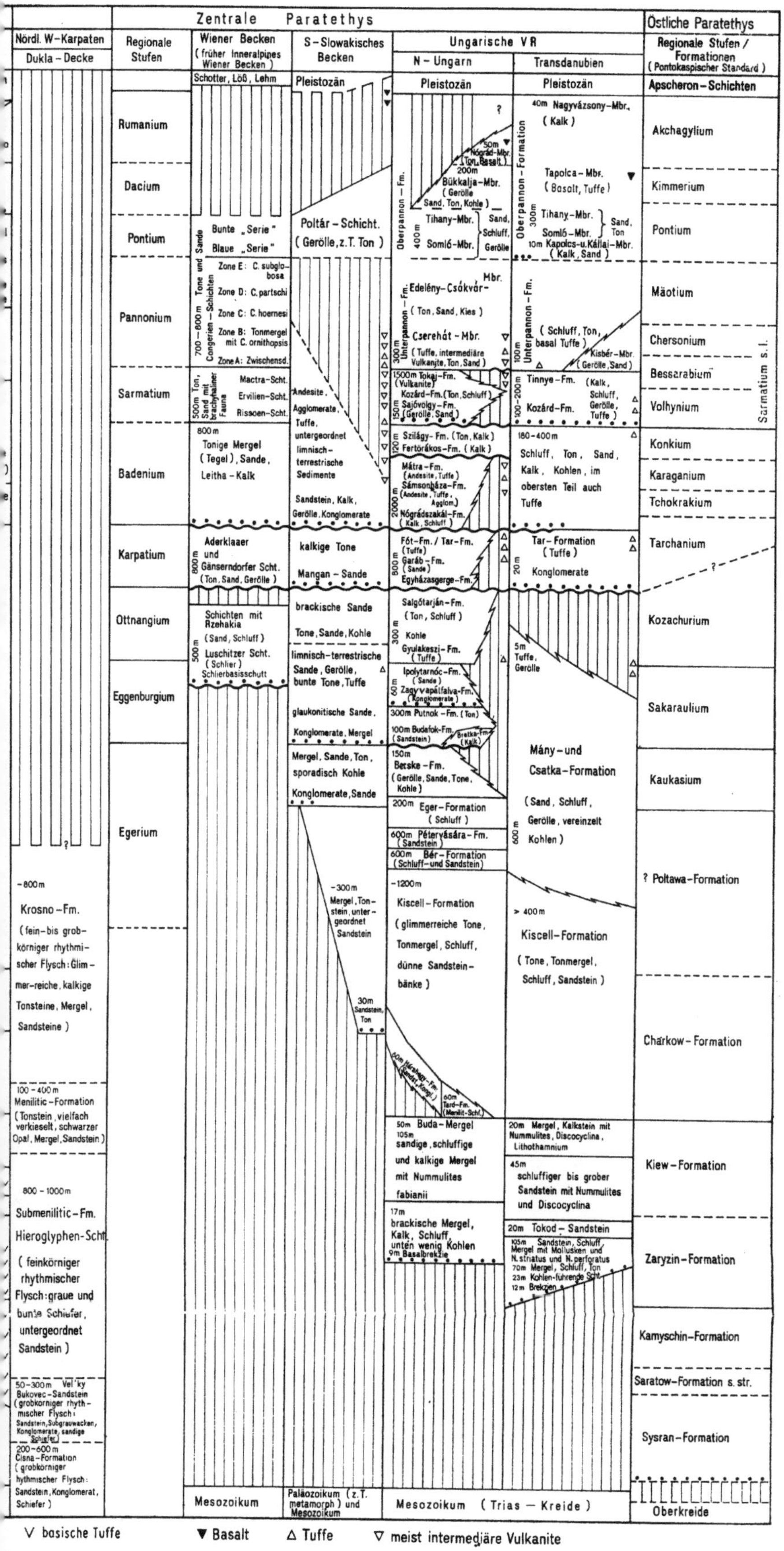

8), Korpas (1977), Krömmelbein (1977), Papp (1959), Seneš (1976), Steininger (1978) sowie Unterlagen und

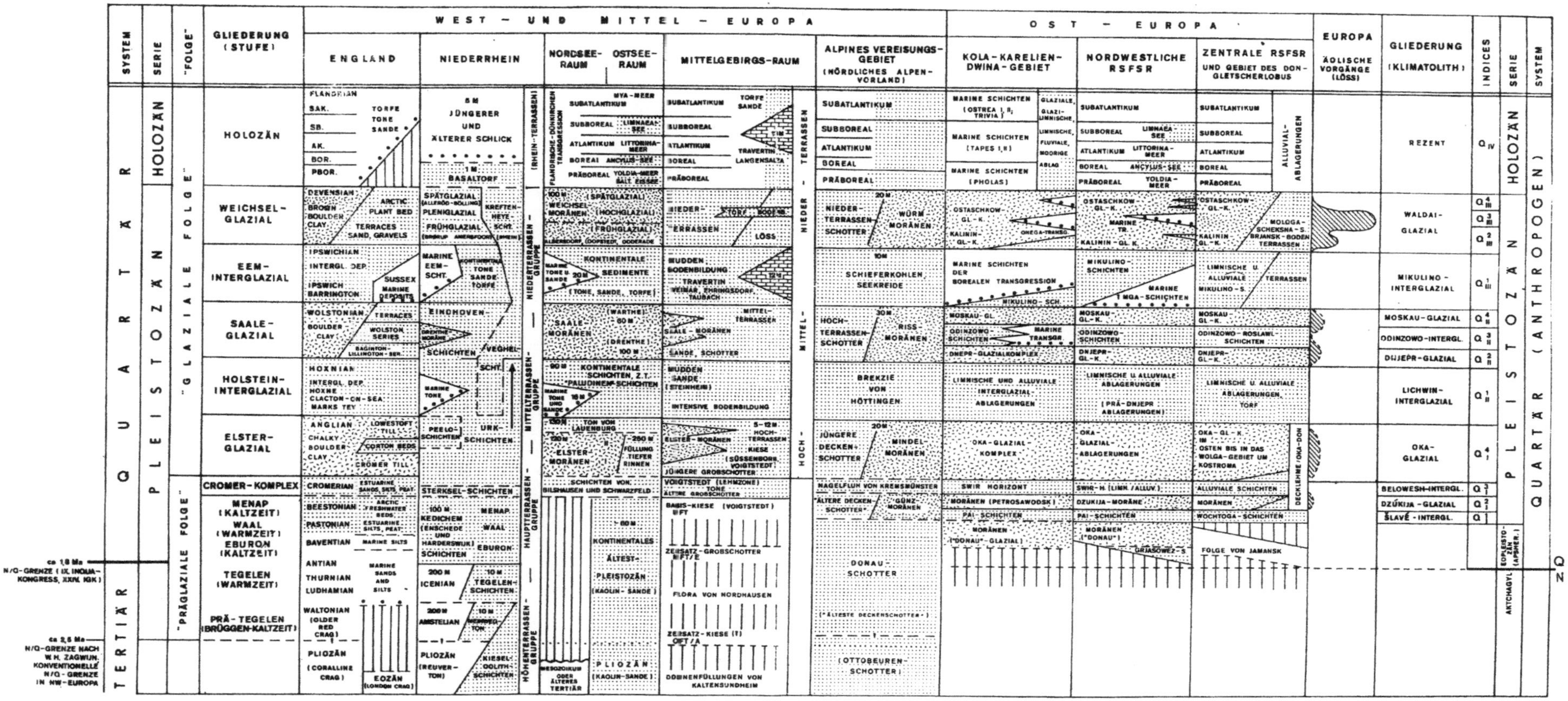

Schema 26. Das Quartär in Europa

(Aproportionales, progressiv überhöhtes Fazies-Diagramm der europäischen Vereisungsgebiete, zusammengestellt nach Übersichten von Cepek 1968, Mitchell u. a. 1973, Brinkmann und Krömmelbein 1977, Krasnov 1978 und Eissmann 1978, zum Teil verändert und ergänzt, Gliederung: Abschnitt = Serie)

zu S. 478/479

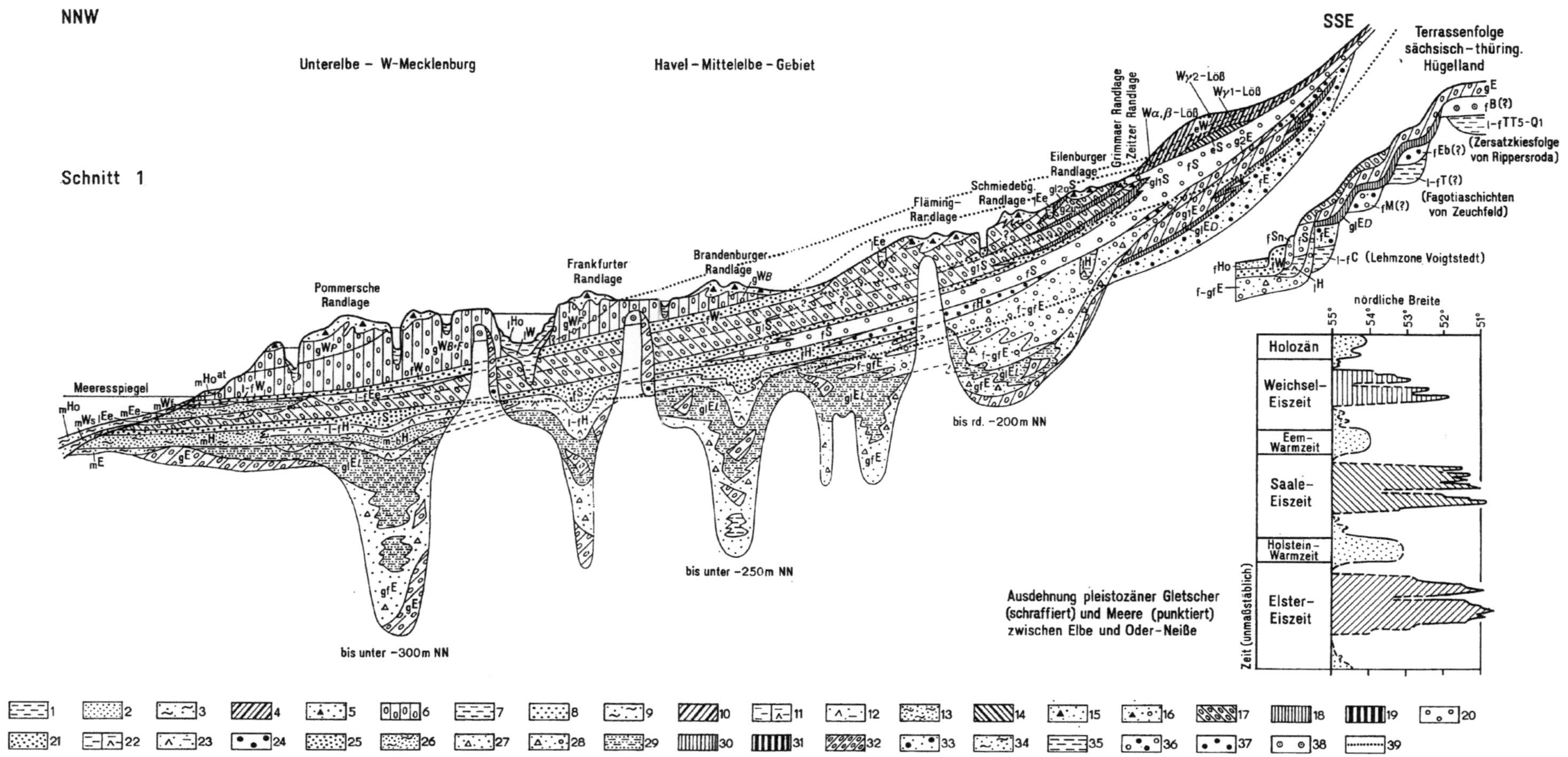

Abb. 126. Stratigraphisch-fazieller Schnitt durch das Quartär des Norddeutschen Tieflandes vom Mittelgebirgsrand zur Küste

Als Hauptleithorizont im südlichen und mittleren Teil des Tieflands erweist sich der elsterspätglaziale bis saalefrühglaziale fluviatile Komplex. Flußterrassen trennen drei glaziäre Stockwerke, die von Gletschern unterschiedlicher Dynamik geprägt sind. Im Gegensatz zur Saaleeiszeit sind Elster- und Weichseleiszeit durch zahlreiche tiefe glaziäre Rinnen und Wannen gekennzeichnet, bei deren Füllung sich glaziäre, fluviatile, limnische und marine Fazies in gesetzmäßiger Weise verzahnen. Die außerordentliche morphodynamische Aktivität des Inlandeises der Elstereiszeit führte nach dem Eiszerfall zur Entstehung einer Seenlandschaft, die mit ihrer im Norddeutsch-Nordpolnischen Tiefland später nicht wieder erreichten Reliefenergie mindestens bis in die frühe Saaleeiszeit fortbestand. Spätere epirogenetische Bewegungen sind für das Tiefland nicht zu erkennen; in den Warmzeiten wird mit Meeresspiegelhöhen ähnlich wie in der Gegenwart gerechnet, nach EISSMANN und MÜLLER (1979)

Holozän: 1 — limnisch ($_l$Ho); 2 — fluviatil ($_f$Ho — Auelehm und Aueschotter); 3 — marin mit limnischen Anteilen (mHo, mHo^{at} = Atlantikum); Weichseleiszeit: 4 — äolisch (eW, die verschiedenen Weichsellöße); 5 — glazifluviatil (gfW); 6 — Grundmoränen (gWP = Pommersches, gWF = Frankfurter, gWB = Brandenburger Stadium); 7 — limnisch (lW, vorwiegend Spätglazial); 8 — fluviatil (fW, Niederterrasse) und limnisch-fluviatil (l/fW); 9 — marin (mWs = Spätglazial, mWf = Frühglazial). Saale- und Weichseleiszeit: 10 — Saale- und Weichsellöße, -lößderivate und -fließerden (e/d S + W). Eemwarmzeit: 11 — limnisch (lEe); 12 — limnisch-fluviatil (l/fEe), Saaleeiszeit: 14 — äolisch (eS, Löß); 15 — glaziafluviatil (gfS, zum Teil differenziert in gf$_2$S = 2. Vorstoß, gf$_2$Sn = Nachschüttbildung 2. Vorstoß, gf$_2$uS = 2. Vorstoß Breitenfelder Horizont; gf$_1$S = 1. Vorstoß, Bruckdorfer Horizont; gf$_1$Sn = Nachschüttbildungen 1. Vorstoß; gf$_1$Sv = Vorschüttbildung 1. Vorstoß); 16 — glaziafluviatil-fluviatile Mischbildungen (gf/f$_2$ Sn = Nachschüttbildung 2. Vorstoß, gf/f$_1$ S = 1. Vorstoß); 17 — Grundmoränen (gS), zum Teil differenziert in den 2. Vorstoß mit zwei Bänken (g$_{2o}$S, g$_{2u}$S) und den 1. Vorstoß (g$_1$S); 18 bzw. 19 — glazilimnisch (gl$_{2o}$S bzw. gl$_{2o}$S*Bf* = Breitenfelder Bänderton, gl$_{2u}$S bzw. gl$_{2u}$S*Br* = Bruckdorfer Bänderton, gl$_1$S bzw. gl$_1$S *B* = Böhlener Bänderton); 20 — fluviatil (fS = Hauptterrasse, grobe Fazies); 21 — fluviatil (fS = Hauptterrasse, feinere Fazies). Holsteinwarmzeit: 22 — limnisch (lH); 23 — limnisch fluviatil (l/f H); 24 — fluviatil (fH, grobe Fazies); 25 — fluviatil (fH, feinere Fazies); 26 — marin (mH) bzw. marin bis brackisch (mb/H). Elstereiszeit: 27 — glaziafluviatil (gfE); 28 — fluviatil-glaziafluviatil gemischte Bildungen (f/gfE gf/fE, im Schnitt differenziert in einen groben und einen feineren Faziesbereich); 29 — glazilimnische Rinnen- sowie Nachschüttbildungen (glE, glE*L* = Lauenburger Ton); 30 bzw. 31 — glazilimnische Vorschüttbildungen (glE, glE*D* = Dehlitz-Leipziger Bänderton); 32 — Grundmoränen (gE, zum Teil gegliedert in zwei Vorstöße g$_2$E und g$_1$E); 33 — fluviatil (fE, Frühelsterterrasse); 34 — marin (mE). Frühpleistozän: 25 — limnisch-fluviatil [l/fC = Cromer-Komplex, l/fT(?) = Tegelenwarmzeit?, l/fTT5 — 1 = Grenzbereich Pliozän/Pleistozän]; 36 — fluviatil [fM (?) = Menapkaltzeit?]; 37 — fluviatil [fEb(?) = Eburonkaltzeit ?]; 38 — fluviatil (fB (?) = Brüggekaltzeit?]; 39 — Fortsetzung von Basislinien der Frühelsterterrasse (fE) und der Niederterrasse (fW) in Erosionsgebieten bzw. für Talbereiche außerhalb der Schnitttrasse; Linien für zeitliche Parallelisierungen Weichsel-Grundmoräne — Löß

zu S. 480/481

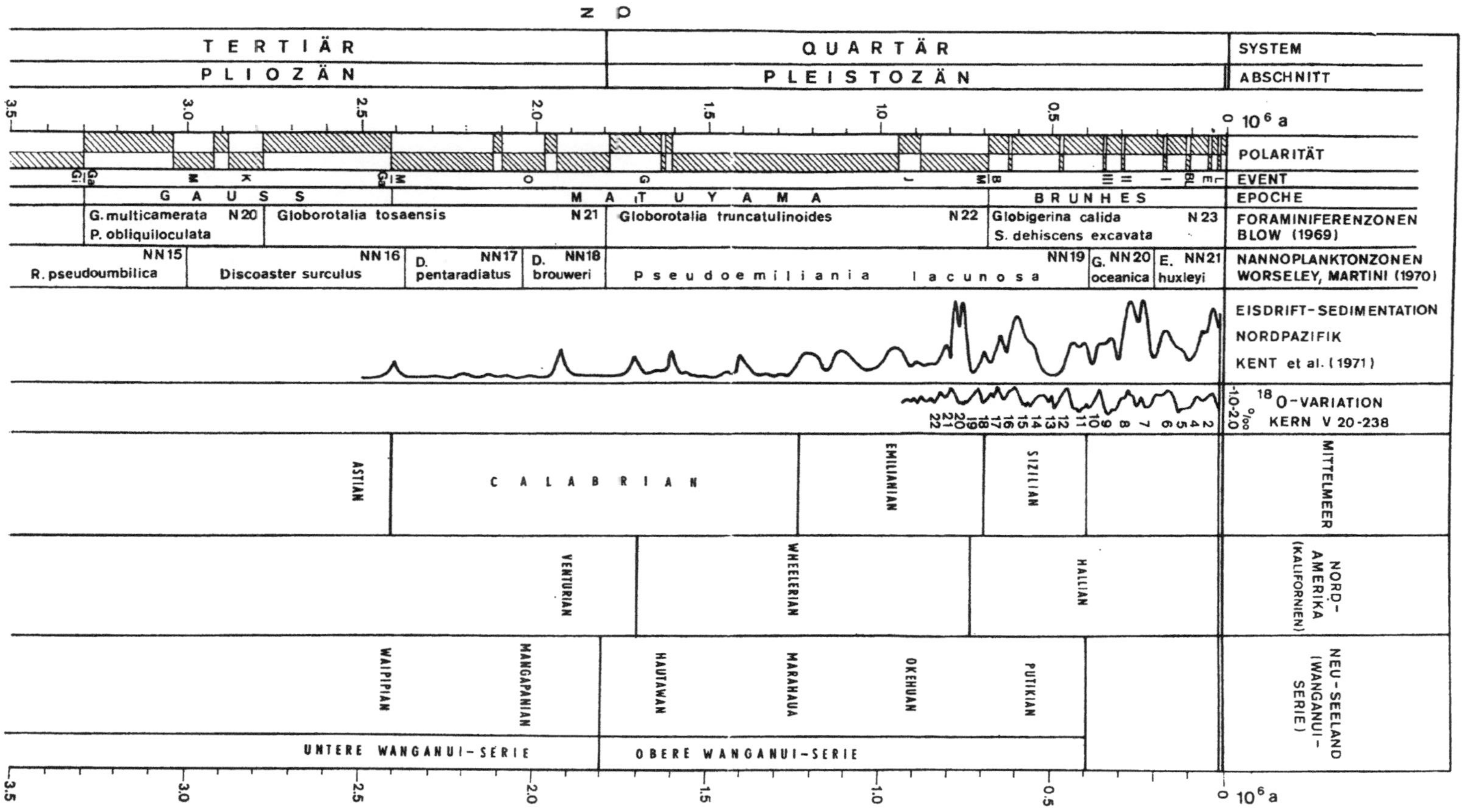

Schema 27. Marines Quartär, Übersicht

zu S. 500/501